五星級名廚
到我家

湯、開胃菜、沙拉、麵食、燉飯、
主菜和甜點的料理密技

作者 陶禮君 攝影 廖家威

朱雀文化

目錄 Contents 五星級名廚到我家

*本書所使用的小匙，容量約5g；大匙約15g。在使用調味料時，請斟酌份量，依個人口味及健康原則適量增減。

感性才女。性感上菜

禮君是我的好友兼飯友，我們經常相約結伴吃吃喝喝，對於美食，禮君自有她獨特的看法（但她拒絕稱自己是美食家），每次跟她用餐，盤裡的一切總顯得格外可口，沒有意外NG的時刻。

通常我喜歡把在外面吃到的料理，加入自己的創意，然後回家親自實驗一番。下廚，讓我在烹調的過程中找到更多自己喜愛的味道。而禮君，是經常吃到我做菜的手帕交之一，某次小聚，她吃著吃著跟我說：真羨慕你的好手藝，希望有一天能換我下廚，端出幾道菜讓你嚐嚐。

雖然她只說過一次，但從她的眼神與態度我清楚知道，她不是說說而已。
只不過，我沒想到，除了找大廚親授料理技巧外，禮君居然還把名師教的美味關鍵與烹調門道寫成了書。

算算日子，從規畫到出書，果然如我預料般花了一段不算短的時間，因為禮君和我一樣是個完美主義者，她告訴我，希望能寫出一本實用又有美感且能夠和讀者一起走進生活的美食料理書。老實說，這並不是件簡單的事，因為禮君是位作家，是位美食家，但她不常下廚（可是買菜的經常是她），烹調文字與舞弄鍋鏟之間的距離，我猜，對她應該是遙遠的。

然而，當我看到書的完稿時，我知道她克服了。
她是那種決定去做就努力完成，並且想辦法做到最好的人。

我迫不及待想拿到書，並且照她的方法，在廚房廝混一天，做出令人無限幸福的料理。當我們困在現實中，被時事新聞所傳遞的訊息憂心著未來，也許，更需要好好打理自己的食慾，重新找回下廚的樂趣與必要。
當她很感性地邀請我寫推薦序，並訂下為我洗手做羹湯的約會時，我滿心期待且興致勃勃，然後她重複提醒我不准挑剔與嫌棄。

能寫、能論，接下來，還能煮，不管滋味如何，我都覺得可貴與特別。
這就是禮君，在我以為自己已經很了解她的同時，她總是不斷地給我新的驚喜。

何麗玲 春天診所董事長

落筆起杓開出花朵

我常說，做「美食家」沒什麼秘訣，因為人人都有自己的一套「美食哲學」，或說是「美食觀點」，它很主觀，也很絕對，和別人未必相同。
「美食家」的稱號數量一多，市場價值也就相對降低了，這是喜事，也是憾事。喜的是，原來「富過三代才懂吃」的傳統思維，落入尋常百姓家後，也有一種承平盛世的平凡幸福；憾的是，當大家對待「美食」的愛好如流行潮水般，浪起浪退，我們又很難在那細砂薄土上留下什麼傳諸久遠的時代刻印。

那麼忝為「美食家」如我輩者，在這個「美食即為王道」的世道間，又該如何為自己定位，或期待什麼呢？
禮君以記者職涯的專業領域，輕鬆切入美食這個世界，是我所羨慕的，因為透過多年的累積和醞釀，她有著我沒有的，對市場及潮流趨勢的敏銳判斷力，再加上她天性浪漫，視透人情世故，面對美食的表象呈現和背裡的情感牽連，她真是最佳的演繹人選了。

她想要自己做菜，這又是讓我們這些朋友深覺不可思議的，因為她過去一貫的信念是「美食家只要會吃就好」，這個信念近來逐漸改變；我常告訴她，吃遍大江南北對一個「美食家」來說固然重要，但是若不會做上一二道美食，或是精通食材品性及烹調手法，就像是一個藝評家，永遠只能站在畫作的正前方，欣賞和解釋，而無法回到作品的背後，體會創作的痛苦和掙扎，更無法了解那種完成作品後，真正的「通體舒暢」。

若將美食比之愛情，也是禮君的傲人天賦，她總能條理分明，時而理性、時而感性，為世間男女找到依存而活的理由。如今，她終於洗手，落入凡間，在刀起杓落，飛鹽飄醋之間，見識到美食背後的肌理紋路。
若你問我，真的期待禮君成為大廚嗎？我會笑笑，沒有答案。
但我肯定的是，她終將在筆尖字句裡，開出另一朵美麗的花兒，一如本書中，我似乎聞到了晨霧裡，那裊裊散開來的一縷花香。

吳恩文　中廣節目主持人&美食家

屬於慵懶貴婦的下廚樂

會認識禮君姐是因為製作電視節目〈今晚哪裡有問題〉，需要一個懂品味、懂消費、懂美食的專家，經過篩選，她成為不二人選。結果不只為節目找到一個達人，禮君姐也是第一個因工作結緣卻深深進入我生活的來賓，從美食分享開始，到生活經驗交流，於是乎我的生命中出現了第一個「貴婦」好朋友。

為什麼會說禮君姐是貴婦，還是個古靈精怪的貴婦？
因為她有種「與世隔絕」的慵懶氣質，但講起美食與消費的議題，卻頭頭是道，行家魅力盡出；雖然她帶著媒體人的專業，但聊起生活美學卻充滿不可思議的矛盾；儘管她擁有人人稱羨的幸福，但談起感情與兩性的議題，卻又針針見血，道盡愛與不愛的無奈。

我在她身上看到，只有真正經歷過悲歡現實、真正享受過吃喝玩樂的人，才可以跳脫繁雜的社會資訊，活出與眾不同的品味！
當然，用庸俗一點的眼光看，我認定禮君姐是貴婦還有一個原因，就是她是個愛吃懂評論的人卻「鮮下少廚房」，花錢買享受不就是標準的貴婦嗎？就這樣認識她三年，有一天上班時間，禮君姐突然興奮的告訴我，她要開始拜師學藝，當個巧手廚娘了！

什麼？？？好端端的為什麼要開始沾油煙、洗鍋鏟呢？問號在我的腦子裡不停打轉。於是我追著問她為什麼要這樣「自找麻煩」？結果接下來和禮君姐的談話讓我很心動——
下廚是用巧思去露兩手，一道料理不會只有色、香、味在裡面，還會有料理者的慾望在其中。更重要的是，對禮君姐來說，下廚是種自我滿足的過程，滿足她傳達愛的感覺。
愛的感覺。我懂了。
現在，終於明白為什麼禮君姐想要開始下廚了。
我。也。要。

萬思惟 金星娛樂節目策畫

作者序

意外的美味

人生裡，總有些意外。
意外的人、意外的事，然後，有了意外的故事與心情。
這兩段文字是我出第一本美食料理書時的開場句子。

一隔十年。

出書的那個時候，以為很快會再有第二本同類型作品！
但，中間我停了下來，換了別的書寫主題。暫時擱著，沒有繼續，然後忘了，直到某
天的下午茶，跟朱雀的總編輯無意聊起，才觸動了我記憶底層的文字廚房。

我不是個貪吃好煮的人，雖有口腹之慾，但交給別人來打理多過想自己動手的慾望。

是懶，更怕麻煩，我承認。不過，看著美女何麗玲與帥哥吳恩文在廚房裡的神情，我
漸漸心動。做菜需要天份，他們兩人端上桌的美味，一再讓我驚呼連連。那露兩手的
模樣，與之入口的菜色，同樣讓我垂涎神往。於是，我偶而做做食神的白日大夢。

後來，因有機會當美食評審，次數多了，久而久之，發現沒有自己的實戰經驗，即便是
專家口吻，總有那麼點遺憾。還有一回錄影時，節目策畫小萬在化妝間問我的拿手菜是
什麼，我閒閒答說：小魚炒蛋。說完，我感覺自己有點臉紅，因為想不出更特別的。

隱約，我知道有個念頭壓在腦子裡，不具體，但轉啊轉的。
而，真正讓我心動于癢的是，某天晚上一群朋友到另一美女主持人林青蓉家裡小聚，望
著她握刀拿鍋的身影，燒出一盤又一盤的可口家常菜，當下，我看見了最有魅力的她。

決定學廚時，家人比我還興奮。為了不讓自己才剛冒出的料理火花輕易熄滅，我從身
邊熟悉的主廚開始求助。

應該說是運氣太好，不擅烹調的我，在廚藝大師們不厭其煩的調教過程裡，開始慢慢
享受做菜的樂趣。

這本書，由味蕾下筆，透過主廚的拿手料理，完成了我「棄鍵盤上砧板」的夢。

謝謝為這本書催生的Cello、Margaret、小飽以及阿威，還要特別感謝幫我拍得美美的Nico
以及她漂亮的老婆佳玲，如果沒有NICO、佳玲這對夫妻熱情相助，肯定少些精采。

最後，希望這一道道紙上佳看，能激起你的下廚潛能，因為，親自動手，便是美味的
開始。

陶禮君

喚醒味蕾的甘露湯

別看這小小一碗，烹調的精華都在其中，看起來極其容易，但往往最不簡單。它沒有其他菜色的熱鬧喧譁，單單要做到入口就能融化人心，除了講究食材之外，高湯更是西式料理中很重要的基底。

「每個人都在尋找記憶中溫暖的湯品」，這是日本作家松田美智子在<天國的湯>中所提到的。當然，美味是需要時間的，好喝的湯一定要按部就班依循著步驟，才能熬煮出讓人讚不絕口的滋味。

不論是牛肉湯、雞湯、甚至吃素者享用的蔬菜湯，湯品料理全是濃縮的精華，而每道湯裡都有它獨特的思維，尤其歐式料理的湯品常會放些特別的香料來調味，像月桂葉及百里香，甚至是黑胡椒粒，讓湯頭喝起來更加有勁。

湯品的魅力，簡單卻無限，一不小心就成了迷戀，這也是它吸引人的地方。煲湯沒有什麼簡化的步驟，需要一定的程序與時間，才能達到美味境界，就跟談戀愛一樣，必須有追求的過程，方能開花結果。你可以充分享受料理的過程，然後細細品嚐。

出場序

起士焗洋蔥湯 French Onion Soup
酥皮蘑菇湯Cream of Mushroom Soup with Puff Pastry
義大利蔬菜湯Minestrone
(**同場加映**：牛尾湯Oxtail Soup)
黃金湯Chicken Consomme
(**同場加映**：蒸蛋黃金湯Chicken Consomme with Truffle Royal
義大利海鮮濃湯Seafood Tomato Soup
(**同場加映**：馬賽海鮮湯Bouillabaisse)
奶油蛤蜊巧達湯 Clam Chowder
(**同場加映**：玉米火腿巧達湯Corn Chowder)

掌廚人物
湯和喜Tom Tang
美麗信花園酒店行政主廚

擁有超過20年的資歷，喜愛義大利菜系，
相信料理偶爾應該冒險才能找到真正的美味。
在乎烹調細節，且擅長透過食材屬性，
變換色香味俱全的菜色，讓清水也能變好湯。

French Onion Soup

起士焗洋蔥湯

不知道為什麼，提到洋蔥湯總覺得心頭會泛起一股暖意。

在法國，洋蔥湯是屬於冬季的湯品，熱騰騰的湯冒著洋蔥的香氣，

感覺連在最深處的靈魂也忍不住溫暖起來了。

雖然在法國人的飲食版圖裡這是一道很家常的湯品，

但烹調起來卻大有學問。

尤其炒洋蔥並不是一件容易的差事，要維持一貫的細心與耐心，

不斷地翻炒至漂亮的黃褐色才算大功告成。

● 材料Ingredients 4人份

• 百里香 2g

• 麵粉 60g

• 牛肉高湯 1,200ml
(不吃牛肉的，
可用雞肉高湯代替)

• 去皮大蒜仁 1瓣

• 比薩用起士絲
20g

• 法國麵包
(切片1公分，不要太厚
太厚會吸湯汁，
一碗一片)

• 洋蔥 2個
(越圓球狀的比較容易切成細絲)

• 無鹽奶油 50g
(無鹽的比較不會影響調味)

• 帕瑪森起士 20g
(parmesan cheese，這是本地
最容易被接受的一款起士)

• 特級橄欖油 30g
(extra olive oil 口感比較好，
當然，植物油也可以)

• 無甜味的白葡萄酒 60ml

• 白蘭地 20ml

• 鹽 1小匙

起士焗洋蔥湯
French Onion
Soup

● 做法 Guide To Cook

1. 先將洋蔥切成洋蔥絲，大蒜仁切碎。

2. 起鍋，放上奶油，加入洋蔥絲用小火慢炒至洋蔥呈漂亮的黃褐色，大約翻炒20分鐘左右，再加入大蒜。這道湯的重點就在於洋蔥本身，所以一定要小心翻炒，不要有焦味。

3. 可直接在湯鍋裡料理，炒到洋蔥幾乎融化的程度，撒上麵粉，用小火拌炒約1分鐘。接著倒入牛肉高湯，並加入白蘭地、白酒、鹽，然後轉小火慢燉，等酒香與洋蔥的香氣撲鼻，這道最誘人的湯品就完成囉！

4. 著把烤箱預熱至180℃左右，這時將大蒜混著橄欖油薄薄地塗抹在法國麵包的兩面，帕瑪森起士撒至麵包朝上的一面（份量多一些無妨）。

5. 將湯盛入碗中，再把做法**4.**放進湯裡，然後整碗放進烤箱烘烤約5分鐘，烤至起士融化變成焦黃色就可上桌了。

美味最關鍵
熬煮高湯的秘訣

1. 在法式餐廳的廚房裡，都會有鍋不分晝夜不斷熬煮的高湯，這就是法式料理的經典。

2. 美味的雞高湯該怎麼煮？一般來說會用雞骨下去熬，但我個人會用全雞下去熬煮，並且會加上紅蘿蔔及整顆洋蔥，讓蔬菜的甜味也滲進湯汁裡。高湯裡的香料絕對不能缺席，西洋芹及百里香、月桂葉及黑胡椒粒讓湯汁的口感產生了層次。

3. 在煮湯的過程中要一邊煮一邊濾掉懸浮在湯面上的雜質，才能清澈甜美，小火熬煮約2~3小時，最後再用濾網濾出雜質，美味高湯就算完成了。

eam of Mushroom Soup
with Puff Pastry

酥皮蘑菇湯

有一陣子會突然覺得酥皮蘑菇濃湯就像是一個小男孩的夢想，
當那一層膨脹焦脆的酥皮覆蓋在杯口，你會忍不住地想戳破它，
窺看它盛裝了什麼樣的內容來到你面前。
但有時卻又沉溺於它的美好，捨不得破壞，徒留想像空間。
這道湯從來沒有令人失望過，
甚至很多人會覺得它是理所當然存在於西餐的主菜前，
換言之，一定要來碗酥皮蘑菇濃湯才算享受道地的西餐。

● 材料 Ingredients 4人份

香菇 100g

杏鮑菇 120g

蛋黃 1個
（調入2小匙的牛奶或鮮奶）

無鹽奶油 150g

去皮大蒜仁 2瓣

鮮奶油 200ml

胡椒 10g

起酥皮 4片
（Puff Pastry，超市可以買到
現成的，一包約10片）

洋蔥 1/2個

馬鈴薯 1個
（此為湯品濃稠的原因）

蘑菇 250g
（顏色勿挑選太白
因有可能是化學漂白）

雞高湯 1,000ml
（怕麻煩的話，
也可以用罐頭高湯）

鹽 1小匙

橄欖油 3大匙

● 做法 Guide To Cook

1. 先將大蒜仁與洋蔥切成末，接著倒入少許橄欖油熱鍋，然後依序放入蒜末及洋蔥末爆香，菇類切片（不要切太薄，否則容易出水），放入鍋中一起炒熟。

2. 準備一只2~3公升左右的鍋子把剛剛炒熟的料，加入雞高湯及切片的馬鈴薯一起大火煮滾，然後轉小火熬煮約30分鐘後放入果汁機打成泥（分成幾次來打），打成泥後再用濾網過濾。特別注意：務必要等馬鈴薯與高湯都冷卻後才可以放入果汁機，不然熱氣會導致果汁機蓋噴出。

酥皮蘑菇湯
Cream of Mushroom Soup
with Puff Pastry

3. 接著加入鮮奶油攪拌一下，再用鹽與胡椒調味。

4. 將煮好的湯裝至耐熱湯杯中，蓋上起酥皮（需化冰）。同時把烤箱預熱至200℃。

5. 然後在起酥皮表面刷上少許調了味的蛋液，放進預熱的烤箱，烤約5分鐘至起酥皮呈金黃酥脆即可。

美味最關鍵
小火炒洋蔥
大火烤酥皮

1. 全程使用中小火翻炒，將洋蔥的香甜味及蘑菇濃郁的味道徹底釋放出來。

2. 烤酥皮必須使用大火（200℃），讓起酥皮迅速膨脹（溫度太低，起酥皮就不會酥脆），同時記得要趁熱食用，否則時間一久，起酥皮冷了、塌了，勢必影響口感。

Minestrone
義大利蔬菜湯

這是一道可依自己的喜好做出變化的湯品，
當你打開冰箱，可利用現有的食材隨心所欲地烹調，
沒有制式的規定，以下的食材也是僅供參考。
事實上，義大利人很擅長發揮烹調的創意，
隨性卻帶給人意想不到的驚豔。
在義大利，它可說是國寶湯，
義大利的母親一定會用來招待客人的一道湯品。
要煮出鮮甜的蔬菜高湯，是需要一點點私房的「撇步」：
月桂葉（2片）＋百里香（10g）＋
大蒜（80-100g）＋荷蘭芹（50g）
一起加入3公升的水熬煮至滾，喜歡口味重且帶點辛香的老饕們，
可以加入些許黑胡椒粒。

● 材料Ingredients 8人份

- 白花椰菜 150g
  （切丁）
- 馬鈴薯 200g
- 蘑菇 200g
- 牛蕃茄 300g
  （熟透的最好，愈軟愈甜，
  但不可以爛）
- 洋蔥 100g
- 雞高湯 1,000ml
  （罐頭高湯也可以，
  或者是蔬菜高湯）
- 橄欖油 2大匙
- 黑胡椒 1小匙
- 鹽 2小匙
- 去皮犬蒜仁 2瓣

- 綠櫛瓜 1條
  （約150g）
- 西洋芹 1根（約100g）
- 紅蘿蔔 50g
- 高麗菜 150g（切丁）
- 蒜苗 1根（約100g）
- 培根 2片切碎
  （在超市都可買到的那種
  一片片長方形培根）
- 玉米筍 100g
  （如果沒有玉米筍，豌豆仁、
  四季豆等其他現有的蔬菜皆可）
- 九層塔 約3~4枝
  （梗去掉，取葉的部分切碎
  裝飾用）
- 月桂葉 1片
- 百里香 1枝
  （梗去掉，取葉的部分）

美味最關鍵
湯與蔬菜
的黃金比例

1. 加點起士粉（一碗約
   45g）能讓蔬菜湯更有
   風味。濃濃的起士味與
   蔬菜的甜味，會讓入口
   的瞬間驚喜連連。
2. 用雞高湯優於蔬菜高
   湯。
3. 湯與蔬菜的黃金比例為
   1：1最美味，同時這個
   比例才會產生濃稠的口
   感。

● 做法 Guide To Cook

1. 將所有蔬菜切成小丁，可以讓湯品看起來
   更可口。

2. 大蒜切成碎末後，倒入橄欖油熱鍋，把蒜末
   爆香，然後放入洋蔥、培根，大火略炒一
   下，再加進其他蔬菜丁（牛蕃茄除外）。

3. 等做法**2.**的蔬菜丁炒軟炒香後，放入高
   湯，這個時候也把月桂葉、百里香，切丁
   的牛蕃茄放進鍋裡。

4. 用大火煮沸後，撈掉湯中浮出多餘雜質，
   加鹽調味，然後轉小火續煮約20分鐘，
   讓蔬菜的鮮甜滲入湯中，喝一口就能夠勾
   引起味蕾的感動，上桌前擺點九層塔裝飾
   即完成。建議初學者可從這道湯品開始嘗
   試，相信多半能夠培養起料理好湯的自
   信。

Oxtail Soup

牛尾湯

帶筋的牛尾非常適合燉湯，且能夠補充膠質，
挑選時要選整條的，形狀要圓潤飽滿，
才能夠保留肉質的彈性與嚼勁，
而烹煮時記得要同時過濾浮油，讓湯汁清澈。
在義大利講究的做法是將牛尾先烤過，
再以小火慢燉，口感會與眾不同。
烤過的牛尾味道很濃郁，吃起來有層次，
不僅養生，也帶來奢華享受。
但這次介紹的牛尾湯做法是採用燙煮的方式，
便利外宿旅在沒有烤箱的狀況下也能水煮完成
這道幸福滿溢的湯品，一定要加入適量的雪莉酒提味，
讓香氣逼人的湯頭，為你帶來味蕾的朝氣。

● 材料 Ingredients 8人份

- 牛尾 1條 (建議用澳洲的牛尾)

- 紅蘿蔔 200g
  (罐頭高湯也可以，或者是蔬菜高湯)

- 月桂葉 1片 ● 百里香 1枝

- 去皮大蒜仁 5瓣 (拍碎)

- 雪莉酒 1杯 (250ml)

- 黑胡椒粒 1小匙

● 做法 Guide To Cook

1. 牛尾洗淨，剁成幾節（特別注意：剁時需
   要一點技巧，需同時找到關節處下刀就能
   輕易分割，如不善技巧則需更換大一點的
   鍋子，好將整條牛尾放入鍋中煮至軟爛，
   再進行取肉），起鍋煮水沸騰後，放入牛
   尾燙煮約3分鐘，瀝掉血水。

2. 另換一鍋清水加入牛尾及其他蔬菜，先大
   火煮滾再改小火慢煮約2小時，直到肉質
   Q軟，將表面油脂去除，烹調間可適時加
   水，湯汁高度維持在所有食材皆能覆蓋。

3. 將煮好的牛尾去骨取肉切丁，湯汁過濾
   後，去除油脂。

4. 依上述義大利風味蔬菜湯的方法，在做法
   4. 的時候加入牛尾肉（連湯）一起煮，同
   時記得倒入雪莉酒。

5. 起鍋前，依個人口感，再以酌量的鹽、胡
   椒調味即可。

Chicken Consomme
黃金湯

上好的高湯清若無物，入口卻化為高潮迭起的旋律，
時而深不可測，時而清澈見底，
其中最奢華繁複的，莫過於法式清湯（Consomme），
也就是偶像劇《美味關係》裡侯佩岑口中的黃金湯。
稱呼它黃金湯，的確也名副其實，
因為光是清湯的料理過程便要花4、5個小時，
熬煮、沉澱，還要去除雜質，甚費工夫，
所以想要品嚐這道湯品，一定要有耐心。
這道湯又被譽為「法式餐廳的靈魂之湯」，
沒有華麗的裝飾與複雜的口感，
瞬間將味蕾帶向高潮，完美地曇花一現，
就像剛作了一場美夢，不自覺地泛起微笑。

● 材料Ingredients 5人份

蛋白 10個
(剩餘蛋黃可使用於蒸蛋湯)

雞高湯 3,000ml
(嫌麻煩的，
用罐頭高湯也可以)

雞絞肉 2kg

紅酒 2杯(500ml)

牛蕃茄 2個

西洋芹 2根
(約200g，切碎)

鹽 2小匙

蒜苗 100g

紅蘿蔔 1條
(約300克，切碎)

迷迭香 1小把

百里香 1小把

月桂葉 2片

黑胡椒粒 1匙

洋蔥 2個
(1個切碎，另1個橫切
3塊烤至焦黑色)

● 做法 Guide To Cook

1. 把所有蔬菜料先切碎、打碎（用食物調理機）。

2. 把以上所有蔬菜料及香草、辛香料、紅酒及雞絞肉統統放入可容納此等食材的料理鍋中。

3. 接著加入蛋白先充分與上述材料攪拌均勻。

4. 再加入雞高湯先大火煮到肉泥懸浮，迅速改小火熬煮直到湯色變琥珀，其過程約4~5小時。

5. 等冷卻後，用紗布將所有雜質去除，便會顯露出黃金湯清澈如水的原貌，加鹽調味旋即完成。

如果想要自己熬雞高湯

如果想要自己熬雞高湯，就用雞大骨來熬，熬煮2~3小時後，放在一旁待其沉澱冷卻。講究一點的做法是把熬煮好的雞高湯放進冰箱裡，讓雞油結塊，瀝掉浮油。如果喜歡用牛高湯作湯底，就用牛骨、牛肉(或牛腱、牛腩都可)來熬，熬3~4小時。但在熬之前要先將它們加上香料放進150℃左右的烤箱，烤個30~40分鐘，讓它烤出香味也烤出色澤。

烤牛肉的香料：迷迭香1小把（新鮮，約10g）、百里香1小把（新鮮，約10g）、月桂葉3片（乾燥）。

美味最關鍵
蛋白凝結配料 使湯澄清

1. 大火煮時務必要在一旁照顧，不得任其沸煮，不然蛋白無法凝結而導致湯無法澄清。

2. 金黃琥珀顏色來自於烤過的骨頭及洋蔥。

3. 4~5小時熬煮後必須讓湯冷卻，使凝結物沉入湯底再進行過濾（請用紗布），即不易使凝結物分散，導致湯變混濁。

4. 過濾完後，原鍋內容物可再加清水進行第二次熬煮，熬出來的高湯可以作為等一下要蒸蛋用的高湯。

5. 成品大約會濃縮成一半的液體，這也就是為什麼上桌時總是小小一盅啦！

蒸蛋黃金湯

Chicken Consomme
with Truffle Royal

以「蛋1：高湯3」的比例再加入1小撮松露與鹽調味，
然後把蛋蒸熟後加入黃金湯中，果腹又養生，吃飽又吃巧。
而此蒸蛋的口感鬆軟柔順，味道甚優！

Seafood
Tomato Soup

義大利海鮮濃湯

海鮮湯跟蔬菜湯一樣是義大利的家宴菜之一，
為什麼這道湯品會成為義大利人
在餐桌上端出來社交的特色菜？
很明顯的是它夠熱鬧，
濃郁醇厚的口感猶如義大利人的好客與熱情，
你很難不被這樣的誠意打動。
入口的滋味只能用過癮來形容，
嗜辣以及重口味者可加入適量辣椒開胃。
若不將此道湯當成湯品，
還可以拿來加進飯裡成為海鮮飯，又是一個新吃法，
總之可依照你自己的喜好來個美食冒險。
當然，義大利海鮮湯擁有
連著吃兩天也不會厭倦的魅力呢！

- 洋蔥 1/4個 (切絲)
- 去皮犬蒜仁 2瓣 (切末)
- 草蝦仁 6尾 (去殼及腸泥)
- 鮭魚片 100g (切成2公分左右的厚片)
- 淡菜 2個
- 蛤蜊 約10個
- 花枝肉 6片
- 蟹腿肉 100g (或任選自己喜愛的海鮮替代)

- 蒜苗 1根 (切絲)
- 牛蕃茄 1個 (切小丁)
- 西洋芹菜 1根 (切絲)
- 干貝 4個
- 雞高湯 400ml
- 蕃茄醬 2犬匙
- 九層塔 1枝 (去梗)
- 白酒 80ml
- 橄欖油 15g
- 鹽 1小匙

美味最關鍵

用雞高湯煮海鮮

1. 使用雞高湯煮海鮮就如同中式的蛤蜊雞湯一樣,可以烘托出整體口感更加味濃鮮美,不會有蝦或魚等的腥味出現。

2. 可以留下一點大蒜泥,在關火的時候,跟九層塔一起加入,滋味會更棒。

● 做法 Guide To Cook

1. 起鍋放入橄欖油,先把洋蔥、大蒜及其他蔬菜絲爆香。

2. 接著把**1.**及牛蕃茄加入雞高湯中。

3. 然後再把所有海鮮料放進去,同時倒入白酒一起煮熟,等蛤蜊開殼了就關火。

4. 最後加鹽調味,再加點九層塔裝飾便大功告成。

同場加映 Bouillabaisse

馬賽海鮮湯

上述海鮮湯做法**3.**完成的時候，加一點點番紅花粉就是馬賽海鮮湯囉！切記：番紅花只能一點點，一小小撮，約0.5克就夠了。因為番紅花的味道很強，一點點就足夠讓整碗湯品的味道與顏色幡然而變（會變成橘紅色）。

Clam Chowder

奶油蛤蜊巧達湯

一提起巧達湯，大部分人的印象多半是湯料多且濃稠。
事實上，巧達湯本來的意思就是指奶油湯，
佐料大多以海鮮為主，配上麵包或沾著麵包吃，
小小的一碗，卻出乎意料地讓人產生飽足感，
隨性輕鬆地完成一餐。
外食族很容易在進口超市中買到
各種不同的巧達湯罐頭，
但其實自己動手烹調，更能滿足挑剔的胃口。

● 材料Ingredients 4人份

- 高麗菜 100g
  (切丁)

- 中筋麵粉 40g
  (增加湯品濃稠口感)

- 雞高湯 1,000ml
  (罐頭高湯也可以)

- 犬蒜 1瓣
  (切末)

- 培根 2片
  (切末)

- 奶油 150g

- 鮮奶油 80ml

- 洋蔥 1個
  (切末)

- 馬鈴薯 2個
  (切丁)

- 月桂葉 1片

- 鹽 1小匙

- 白酒 1杯
  (250ml)

- 胡椒粉 15g

- 蛤蜊 1kg

● 做法 Guide To Cook

1. 先將雞高湯煮滾，然後把蛤蜊放進去，等蛤蜊開殼後關火，把高湯中的蛤蜊撈起來，並將高湯過濾備用。

2. 撈起來的蛤蜊去殼取出蛤蜊肉，然後用清水洗去蛤蜊肉裡的泥砂，放涼備用。

3. 接著用奶油炒香大蒜、洋蔥碎、馬鈴薯丁、高麗菜丁、月桂葉及培根等至熟軟，備用。

4. 將奶油與麵粉用中小火一同拌炒至融合均勻，約1分鐘即可，接著加入雞高湯、白酒及做法3.的蔬菜料，然後大火熬煮，煮滾換小火煮，約30~40分鐘，等馬鈴薯煮至軟爛即可。記住：馬鈴薯要煮至軟爛，湯頭才會呈現濃稠口感。

5. 做法4.完成時，再加點鮮奶油，煮滾即可，接著把做法2.處理好備用的蛤蜊肉放下去再煮一下下，然後起鍋前可再加1匙的奶油讓口感更加滑嫩。

6. 最後上桌前，用鹽與胡椒調味，就大功告成了。

美味最關鍵
蛤蜊肉先汆燙
與洋蔥切碎

1. 料理時，切記剝蛤蜊肉要先汆燙，這樣可完整地保有整顆飽滿的蛤蜊肉，而高湯要讓其沉澱以去除泥砂。

2. 切洋蔥時，先順著紋理切，然後再反方向切碎，用這樣的方式來處理洋蔥可避免洋蔥散開，並切出漂亮且能保持洋蔥原味的洋蔥碎。

3. 不管是海鮮湯或是巧達湯，食材的顏色要統一，才會看起來美味。所以炒蔬菜時要用小火炒到軟而不應炒到變色，這樣湯色才會呈乳白好看的顏色。

玉米火腿巧達湯

僅將蛤蜊巧達湯的用料置換,在湯鍋中加入奶油、洋蔥碎及去皮大蒜仁一起爆香後再炒2分鐘,然後全部取出放盤,備用。在湯鍋加入已準備好的奶油濃湯拌著鮮奶油攪勻,煮滾之後,轉小火,加入剛剛炒好的食材以及玉米粒(用玉米罐頭就可以了,因為比較甜)、火腿丁,煮滾後這道湯品即完成。

美食冒險的前戲
開胃菜 沙拉

一如愛情注重前戲，飲食也講究開胃，如此，才算是完整的用餐享受。就字面上的意義來看，「開胃菜」是打開胃口的菜色，由於身負「勾引食慾」的重責大任，因此開胃菜的口感馬虎不得。而老外對於開胃菜的要求其實滿嚴格的，不僅僅只是沙拉，因此，不少地方的開胃菜多成了特色佳肴。至於開胃菜的安排，更是一門學問。顏色、份量、口味都不能太多或太重，要「輕、薄、小、巧」，以免搶了主菜的戲份，但，入口的新鮮度與創意，則要能讓人眼睛為之一亮。有難度的，並不容易呢！現在，就讓開胃菜給你絕對垂涎的滋味吧！

出場序 ✺✺

義式醬漬生鮭魚 *Cured Salmon with Caper*
鮮蝦佐檸檬奶油醬 *Fresh Prawn with Lemon Butter Sauce*
雞肉凱薩沙拉 *Caesar Salad Served with Roasted Chicken*
生火腿捲餅 *Parmaham and Cheese Roll*
海鮮沙拉佐白酒醋 *Seafood Salad with Paprika*
千層時蔬冷盤 *Vegetables Terrine*

學廚人物

Daniele Gerbino

LUNA D'ITALLA月之義大利餐廳主廚

來自西西里島的帥哥，
曾在佛羅倫斯的米其林二星餐廳工作過多年，
廚藝與他的外表一樣迷人。
因為懷念家鄉，於是和台灣太太開了一家義大利餐廳。
對於食材格外挑剔，講求絕對的自然與新鮮，
為的就是給饕客真正道地的義式料理。

Cured Salmon with Caper

義式醬漬生鮭魚

很適合夏日的一道輕食料理，因為做法簡單，
所以鮭魚的選擇，是決定這道菜能否完美演出的關鍵。
一直有「魚中之王」稱號的鮭魚，在料理上可做多種變化，
春天至秋初的鮭魚最新鮮，醃漬的生鮭魚讓美味回歸到最初，
酸酸甜甜帶點微微辛香，讓味覺有了魂牽夢繫的甜美旅行，
是一種海洋的原始奔放，解放被禁錮在現實的靈魂。

● 材料Ingredients 2人份

柳丁 1/2個

特級橄欖油 10ml

檸檬 1/2個

生鮭魚 250克
(主廚選的是澎湖
現撈的鮭魚，
牠的體型較國外小)

黑胡椒 1/2小匙
(比白胡椒更具有野香)

犬蕃茄 1片

酸豆 10g

洋蔥 1/4個

海鹽 1/2小匙
(海鹽的口感較優)

糖 1/2小匙
(特砂，糖漿更好，
但不可用蜂蜜，
因為香氣會蓋過食物)

保鮮膜 1張

義式醬漬生鮭魚

Cured Salmon
with Caper

● 做法 Guide To Cook

1. 先將黑胡椒、糖、海鹽用手均勻塗抹在魚肉。然後用紙巾將魚肉包起，1小時後拿掉紙巾。這步驟是為了讓魚肉能充分吸收調味料。

2. 接著把檸檬、柳丁分別榨汁，把檸檬汁、柳丁汁與橄欖油淋上魚肉，再將魚肉冰1小時後斜切成薄片，約2cm厚。當然，若能買到片好的鮭魚更省事。

3. 用紙巾吸乾魚肉身上的油脂，接著以保鮮膜包裹住整個魚肉，再用酒瓶或擀麵棍輕輕搥打，讓魚肉能把醬汁精華均勻地吸附。

4. 把洋蔥切絲、蕃茄切碎，然後將做法3.醃好的魚肉貼著盤面排好，加上酸豆、洋蔥絲、蕃茄末即可。

美味最關鍵
鮭魚切薄片

1. 魚肉要冰得愈久愈好切薄片。因為是生的鮭魚，所以要切薄片，讓醬汁更易吸附。

2. 橄欖油要選好一點的。因為純度、香氣會直接影響這道開胃菜好吃與否，建議用EXTRA VIRGIN頂級橄欖油。

鮮蝦佐檸檬奶油醬

Fresh Prawn with Lemon Butter Sauce

帶著微酸的口感，去除了令人不適的腥味，
襯托出海鮮特有的鮮甜，而檸檬汁的香氣，
更烘托了這道開胃菜討好味覺的本事。
甚至，有時候，它好吃的程度，還會讓主菜招架不住呢！

荷蘭芹 少許
(約10g,
建議用義大利的品種,
外型像本地的香菜)

白酒 5ml

黃檸檬 1/2個

檸檬 1/2個

草蝦 12~16隻
(150g,
也可用明蝦代替)

無鹽奶油 100g
(推薦總統牌為上選,
冷藏可保存 2個月,
冷凍則可達5個月之久)

紅捲鬚生菜 1片

綠捲鬚生菜 1片

海鹽 少許

白胡椒粉 5g

● 做法 Guide To Cook

1. 先將檸檬切片煮水,水滾後加入草蝦,水的高度要記得蓋過蝦子的一半,才能去掉蝦子的腥味。

2. 煮約1分半鐘,將蝦取出,直接放入冰水,藉由熱漲冷縮能讓蝦的肉質更緊實,吃起來口感更佳。

美味最關鍵 **檸檬水煮草蝦**

1. 用草蝦是因為牠的肉質比較甜美,在挑選的時候,要看蝦頭而非蝦尾,以外殼、蝦頭色澤明亮為首選。而做法1.的檸檬水煮蝦,千萬不能省略,因為若無法去掉蝦子腥味,絕對影響美味。

3. 然後把蝦子去殼。通常中式的料理會先除去蝦腸，但西式高級料理則是先將蝦停止餵食，等於是先清腸胃，如此一來就省去清除蝦腸的程序。

4. 接著開始製作奶油醬。先將荷蘭芹切碎，黃檸檬榨汁，然後把檸檬汁加入無鹽奶油，倒入白酒，再放入荷蘭芹末，鹽少許，用攪拌機打至奶油顏色由黃轉白為止。

5. 將蝦盛盤，淋上奶油醬，生菜點綴即可上桌。

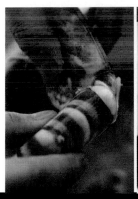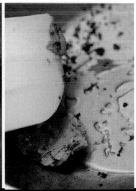

2. 製作奶油醬時，白酒只需5ml，不能放多，否則會太酸。至於奶油，含鹽的奶油往往因鹽分而不對味。至於用進口的何蘭芹，是因為本地產的荷蘭芹味道不適合打汁，且因為外觀為一朵朵的，所以通常是拿來擺盤裝飾。

3. 除了奶油醬也可用現成的蕃茄醬、莎莎醬取代；甚至是中式的五味醬，加上檸檬汁、香菜末，以及蒜末也是不錯的選擇。

Caesar Salad Served with Roasted Chicken
雞肉凱薩沙拉

這應該是大家最熟悉也最普及的一道沙拉。
有些愛漂亮的朋友，把它視為養顏美容的必要招式。
而我提不起食慾的時候，雞肉凱薩沙拉是我的救星，
有它上桌，我的嘴角就帶笑。
清淡、爽口，即便不小心吃多了腸胃負擔也不大，
當然，前提是，不能放太多的沙拉醬啦！

● 材料Ingredients 2人份

• 蘿蔓生菜 5片
(可用美生菜代替)

• 肯瓊辛香調味料
(Cajun) 1/2茶匙
(推薦美國路易斯安那州所產的
最好，大型超市都買得到)

• 特級橄欖油 20ml

• 吐司 1片
(用來做麵包丁，也可在
進口超市買現成的麵包丁)

• 帕瑪森起士粉 10g

• 培根 4片
(肥瘦比為1：4，切丁)

● 凱薩醬 材料

• 檸檬 1/2個 (榨汁)

• 大蒜 20g

• 酸豆 2g

• 特級橄欖油 200ml

• 黃色芥末醬 1/2茶匙
(較酸，以美國產為佳)

• 蛋 2個

• 鯷魚 2片

• 雞胸肉 1片
(可用鮭魚代替)

雞肉凱薩沙拉
Caesar Salad Served
with Roasted Chicken

● 做法 Guide To Cook

1. 先把雞胸肉去皮、去骨,將肯瓊辛香調味料均勻撒在雞肉兩面,接著把橄欖油淋上雞肉,用手按摩,使調味料入味,再放進冰箱30分鐘。

2. 接著放進已預熱250℃的烤箱烤3分鐘,取出,切片。

3. 然後開始製作凱薩醬料。將芥末醬、橄欖油、檸檬汁、大蒜、酸豆、鯷魚、蛋等用蔬果調理機攪打呈濃稠狀,備用。如果家中沒有蔬果調理機,也可用手以攪拌器攪拌。

4. 把吐司切丁,放進已預熱150℃的烤箱烤1分鐘,變成麵包丁。或用烤麵包機烤至金黃色也可。

5. 將培根丁放入不沾鍋以小火乾煎,煎至出油,熄火。

6. 將生菜洗淨剝小塊,浸泡冰水10分鐘,撈起瀝乾,與做法3.的凱撒醬攪拌均勻,裝入盤中。

7. 再加入做法4.麵包丁、做法2.雞肉片、做法5.培根丁,最後撒上起士粉即完成。

美味最關鍵
雞肉先用
辛香料醃過

1. 肯瓊辛香調味料的特色是上
色、去腥以及增加香氣，用
此調味料來增加這道沙拉的
風味，是專業大廚的做法，
調味後的雞肉放進冰箱冰一
下，可避免雞肉接觸室溫而
產生怪味。

2. 生菜洗好後記得要浸泡冰
水，這樣吃的時候才會爽
脆。還有，要上桌前，生菜
才和凱撒醬拌勻，如此方能
呈現最佳口感。

3. 培根是很容易煎焦的醃肉，
所以要用小火煎，且因其在
鍋中會出油，因此不需另外
放油。

4. 講究一點的人，是把起士塊
用刨刀刨絲，取代起士粉。

Parmaham
and Cheese Roll
生火腿捲餅

義式生火腿的口味偏重鹹味，佐以任一食材總能凸顯它誘人的特色，
加上它的肉質光滑透亮，搭配生菜或水果，往往產生令人遐想的多層次口感，
在夏天食用特別對味。這也是不少人減重時會選擇的輕食開胃菜，做法多變，
食材隨性，如果有熱量的顧慮，不妨將起士片省略。

● 材料 Ingredients 2人份

- 蘿蔓生菜 2片

- 紅捲鬚生菜 1片

- 綠捲鬚生菜 1片

PS：以上3樣生菜
也可用其他生菜代替。

- 罐頭蕃茄泥 30ml

- 馬斯卡邦起士醬 1大匙
  (Mascapone)

- 烤餅(8吋) 1份
  (即玉米餅，
  大型超市可買到)

- 愛蒙塔爾起士片 4片

- 酸黃瓜 6小條

- 蕃茄片 3片

- 帕瑪生火腿 2片

● 做法 Guide To Cook

1. 先將羅蔓生菜、紅捲、綠捲用冰水冰過，再用紙巾吸乾水分，備用。

2. 生火腿切2mm厚，去肥油及皮，備用。

3. 然後把餅皮攤平，用刀面或任何扁平的工具皆可，在餅皮上均勻抹上馬斯卡邦起士醬。

4. 接著鋪上蘿蔓生菜、蕃茄泥、酸黃瓜、生火腿、蕃茄、起士片、紅捲、綠捲，慢慢捲好。

5. 把捲餅放進不沾鍋（鍋裡不要倒入油，加熱至150℃，大約是離鍋5cm已可感覺出熱度即可入鍋），滾一圈，盡快取出，然後切成三段，盛盤即可上桌。

美味最關鍵

玉米餅皮
烤上色

1. 餅皮不能選太薄的，所以中式的潤餅皮並不適用。而玉米餅皮有6、8、14吋3種，你可以依需求選擇。

2. 做法5.捲餅放進不沾鍋這個步驟，只是為了讓餅皮上色，千萬不能入鍋太久，否則蔬菜會軟掉或者出水，相對壞了口感。

Seafood Salad
with Paprika

海鮮沙拉
佐白酒醋

沙拉類的輕食開胃菜，
陪伴很多女人度過那段要看磅秤數字過生活的日子。
而這道開胃菜，尤其是得寵的料理，
讓頂著瘦身大夢的女人有了美味的依靠。
白酒醋搭配海鮮恰到好處，除了口感清爽外，
還能襯托出海鮮特有的鮮甜味，且香中帶酸，愈吃愈過癮。

● 材料Ingredients 2人份

生菜：蘿蔓生菜、紅捲、
綠捲鬚生菜各5片、蕃茄3片

鮭魚 80g

- 犬蒜 3瓣
- 西牙利辣椒粉 少許
- 橄欖油 10ml
- 白油 5ml
- 黑胡椒 適量
- 海鹽 適量
- 百里香 1根
  (選用新鮮的葉片)
- 中卷 1條
  (80~100g，選用本地外皮
  較厚且亮的品種)
- 草蝦 6隻
  (50g)
- 淡菜 2個
  (保留半殼，犬小不拘)

● 醬料Sauce

- 白酒醋 100ml
- 玉米糖漿 20ml
- 生辣椒 1/4條(如嫌嗆可)
- 犬蒜 20g
- 橄欖油 50ml
- 黑胡椒 少許
- 檸檬汁 5ml
- 鹽 少許

● 做法 Guide To Cook

1. 先將草蝦去殼；中卷去掉內臟，切成圓圈狀；鮭魚切成小丁；大蒜剁成末，備用。

2. 將草蝦、中卷、鮭魚、淡菜、大蒜末淋上白酒、百里香、匈牙利辣椒粉、黑胡椒、鹽、橄欖油，然後全部拌勻，送進已預熱250℃的烤箱烤1分鐘。

3. 接著把烤好的食材取出，放涼1分鐘，拌入切好的生菜群，備用。

4. 然後開始製作醬料。將白酒醋、玉米糖漿、生辣椒（去籽，剁碎）、大蒜（剁碎）、橄欖油、黑胡椒、鹽全部加在一起，用湯匙拌勻。

5. 再把所有醬汁淋到做法**3.**即大功告成。

海鮮沙拉佐白酒醋
Seafood Salad
with Paprika

美味最關鍵
以糖漿中和
酒醋酸度

1. 玉米糖漿是為了中和白酒
   醋的酸度,以及增加濃稠
   度。

2. 此次淡菜選用的是紐西蘭
   的淡菜,因為烹調時比較
   不會縮得很厲害;若買不
   到淡菜,可以牛蠔或蛤蜊
   代替,但蛤蜊在使用前要
   先用清水加鹽浸泡至少半
   小時,讓牠可以把泥砂吐
   乾淨,以免在吃的時候影
   響口感。

3. 生菜用手撕成小片狀,比
   用刀切的口感要好。蕃茄
   則切成2cm的薄片。而這
   些生菜也可以其他蔬菜代
   替。

4. 會選用匈牙利辣椒粉是因
   其色佳、氣香、清爽,口
   感層次豐富。

49

Vegetables Terrine 千層時蔬冷盤

這是一道繽紛的開胃菜,講究食材原味的呈現,
調味不多,料理的過程也僅以「烤」來貫穿。
同時因選用的都是蔬菜,所以素食者也能大快朵頤。
當然,也可挑自己喜愛的蔬菜來搭配,讓這道開胃菜更貼近你的味蕾偏好。

● 材料Ingredients 2人份

● 黑胡椒 少許
（用本地品種，顆粒較大）

● 海鹽 少許
（顆粒較大較不易溶解，
且鹹度也比顆粒小者佳）

● 特級橄欖油 100ml

● 櫛瓜 4片
（愈小愈好，
因為瓜肉才細嫩，
選義大利的品種最好）

● 日本茄子 3片
（肉質結實，口感佳，
外觀硬挺、光滑鮮麗）

● 菠菜 6葉
（選小棵而葉片軟嫩者，
且避免葉片有黃斑或發黃）

● 義大利黑醋 200ml
（有香味又有甜度）

● 蕃茄 4片
（要選帶蒂且果肉結實者）

● 黃甜椒 1/4個
（要選肉厚、外觀硬挺、
色澤鮮豔的才夠新鮮）

● 紅甜椒 1/4個
（要選肉厚、外觀硬挺、
色澤鮮豔的才夠新鮮）

● 做法 Guide To Cook

1. 先把甜椒切開，去籽，放進有熱度的平底鍋（大約是離鍋5cm已可感覺出熱度即可入鍋），烤約2分鐘，然後趁熱去皮。

2. 櫛瓜洗淨，切片；日本茄子、蕃茄分別切成1cm厚的薄片。然後把三樣都撒上調味的鹽、橄欖油和胡椒，再送進已預熱200℃的烤箱烤4分鐘。

3. 接著將菠菜以滾水燙10秒後撈起，再放入冰水中10秒，以紙巾吸乾水分，此一步驟可以讓葉片變得堅挺，口感也較好。

4. 將菠菜、蕃茄、櫛瓜、紅甜椒、日本茄子及黃甜椒依序往上疊，重複疊兩次，送入已預熱200℃的烤箱烤1/2分鐘，然後取出。若用瓦斯爐，可用平底鍋加上少許橄欖油，將所有的蔬菜上色即可。

5. 烤好後再入模，將菜一層層填入模型中，壓實後，以兩指壓住後再取模。倒出即可盛盤上桌。

美味最關鍵

以紙巾拭乾
蔬菜的水分

1. 做法4進烤箱前，要先排好再烤，若沒烤熟，則食物的味道會出不來。

2. 烤好入模前，記得先將所有的蔬菜用紙巾吸乾水分。而做法5壓實的過程中，注意力道要輕，感覺蔬菜有靠攏在一起即可。

咀嚼幸福的滋味
麵食 燉飯

日劇〈To Heart〉有句這樣的對白：「即使明天是世界末日，也要吃過義大利麵再死。」

而日本人氣作家村上春樹似乎也對義大利麵情有獨鍾，因為在他的作品中，最常出現的料理，要算是義大利麵。

場景轉回到台灣，曾有人做過一項非正式的聯想遊戲：「提到義大利，你會想到什麼？」據說，有65%以上的受測者，脫口而出的是「義大利麵」這四個字，另外10%的人回答Pizza，至於答案為羅馬、威尼斯、米蘭的人更少。

可見，義大利麵的魅力，不能小覷！

有個朋友的形容很傳神：「在義大利麵上能變出的戲法，可不比大衛魔術遜色。」因為光是麵條的種類就有數十種，再搭配上不同的醬汁，義大利麵的風情何止百變。無怪乎義大利美食那麼多，但饕客們始終還是對義大利麵最有好感！

義大利麵讓人著迷的原因之一，就在於多變的口感與QQ的彈性，你可以隨性地用叉子翻轉著麵條，一圈一圈地送入口中。

此外，義大利麵的做法其實不難，這絕不是風涼話，蕃茄加上橄欖油，或者，起士粉加上奶油，然後撒下麵條，再來點適當以及自己喜愛的調味，就可以料理出可口的義大利麵。

有點蠢蠢欲動了對吧！來，好吃義大利麵現在上場——

出場序

香料蕃茄海鮮義大利麵 *Tomato and Seafood Spaghetti*
香蒜辣味青花菜鮮蛤海瓜子細麵 *Linguine Pasta with Fresh Clams*
乳酪焗烤肉醬千層麵 *Classic Homemade Lasagne*
奶油培根蛋黃筆尖麵 *Penne Carbonara*
干貝櫛瓜鮮蝦麵 *Spaghetti Sauteed*
經典牛肝菌燉飯 *Porcini Mushroom Risotto*
西班牙海鮮飯 *Paella*

掌廚人物

王宗鈞 Jack Wang

六福皇宮義大利丹耶澧餐廳主廚 (Danieli's The Westin Taipei)

六年級中段班的他已擁有12年的烹飪經歷，
屬於他人生的美味關係，由法式料理的浪漫開始，
卻在義式料理中找到另一種簡單隨興，
料理的極致美好，鼓舞了味蕾，讓吃有了深度眷戀。

Tomato and Seafood Spaghetti

香料蕃茄
海鮮義大利麵

沒有嘗試過義式料理的食客們，

翻開菜單，一定會先從這道蕃茄海鮮義大利麵開始，

因此成了點選率超高的料理。

看起來很熱鬧，動口後脾胃大開，不論大人小孩都喜歡吃，

理所當然的，這道料理成了喜好義大利麵的人必學的菜色，

在看似複雜的外表下，做法其實不難，

甚至打開冰箱，你可以把現有的海鮮食材都用上，就是這麼隨意，

沒錯，做這道義大利麵請發揮創意並抱持著輕鬆的態度，

會讓這道義大利麵更加可口。

- 洋蔥 1/6個
  (屏東車城最佳,切碎備用)

- 去皮犬蒜仁 10g
  (切末)

- 九層塔 少許

- 百里香 少許

- 淡菜 2個

- 新鮮干貝 2個
  (盡量挑進口的,
  口感比較扎實,甜度較高)

- 蟹管肉 30g
  (務必要挑特極品)

- 無甜味白酒 1犬匙
  (甜的會引響口感,搶味)

- 持級橄欖油 30g

- 哈蜊 4個
  (海瓜子或其他貝類亦可)

- 義犬利麵 160g
  (spaghetti #13)

- 罐頭蕃茄 50g
  (去皮,略長型,推薦義犬利品牌)

- 濃縮蕃茄泥Paste 15g
  (推薦義犬利品牌)

- 牛蕃茄中型 30g
  (本地牛蕃茄最佳)

- 蝦仁 4尾
  (劍蝦、白蝦、草蝦都可,
  記得務必要去腸泥)

- 現流中卷 50g
  (花枝、章魚亦可)

- 鹽 1小匙(煮麵用)
  1/2小匙(炒粉用)

- 帕瑪森起士 30g
  (Parmesan,進口超市有賣,
  也可用起士粉)

● 做法 Guide To Cook

1. 先將牛蕃茄以滾水汆燙去皮切成大丁,罐頭蕃茄也同時切大丁。

2. 倒橄欖油入鍋中,將大蒜仁爆香,放入牛蕃茄丁、罐頭蕃茄丁與蕃茄泥,熬煮至整鍋醬汁冒泡時熄火,紅醬便完成,放在一旁備用。

3. 準備一個煮麵鍋,煮水至滾沸(水量至少要蓋過麵條),放入1小匙的鹽(提味),然後放入麵條煮約13分鐘後撈起,拌點橄欖油(可避免麵條黏在一起),備用。

4. 熱鍋後,倒入適量的橄欖油然後把蒜末及洋蔥末爆香,接著將海鮮料(淡菜、中卷、蛤蜊、新鮮干貝及蟹肉棒)加入1/2小匙鹽拌炒,同時倒入白酒爆香,把海鮮的甜味釋放出來。

5. 將紅醬倒入,將煮好的麵也一併入鍋拌炒,等到湯汁收至一半時,再把百里香及九層塔放入稍微拌炒一下,起鍋前滴入少許橄欖油攪拌(增加爽滑口感),再撒點起士粉,就可色香味俱全的上桌了。

美味最關鍵　新鮮蕃茄混搭罐頭蕃茄

1. 料理紅醬是第一步驟,因為紅醬是這道義大利麵的重要基底醬。本地牛蕃茄的味道較甜較淡,所以建議再配上進口的蕃茄泥來增加義大利麵的酸香口感。如怕醬料酸度太高,可加點糖調味,10g就夠了。

2. 義大利麵煮好了,千萬不要把麵泡冰水,自然放涼(風乾)最好,因為這樣麵條會更彈牙。泡冰水會讓麵條失去麵粉的風味,所以不能用泡冰水來縮短等待的時間。

3. 海鮮料的部分可依個人喜好,加入季節海鮮,如扇貝、帝王蟹等等。

Linguine Pasta
with Fresh Clams

香蒜辣味青花菜
鮮蛤海瓜子細麵

許多吃不慣義大利麵的人，卻對這道義大利麵有說不出的好感，
單單是香蒜辣味的蛤蜊與海瓜子，那份在舌尖跳躍的滋味，
就像呼朋引伴的下酒菜一樣，輕易地贏得了本地人對義大利料理的認同。
至於九層塔與羅勒葉是在這道義大利麵裡不能少的配角，
能完美地襯托出海鮮的口感，但一定要掌握「不要過量」的原則，
否則會失去料理的原味。

● 材料Ingredients 2人份

•九層塔 少許

•西洋芹20g(切末)

•青花菜 20g

•無甜味白酒 1大匙

•特級橄欖油 60g

•蛤蜊 50g

•黑胡椒粒 少許

•鹽 1小匙(煮麵用)

•義式細麵 160g
(Pasta Linguine # 7)

•雞心小辣椒 2條
(比較夠味，
可隨個人喜好增減)

•去皮犬蒜仁 10g
(切片)

•羅勒葉 少許

•海瓜子 50g

香蒜辣味青花菜
鮮蛤海瓜子細麵

Linguine Pasta
with Fresh Clams

3.

● 做法 Guide To Cook

1. 起滾水鍋，將1小匙鹽放入後，把細麵煮約
   7分鐘，將煮好的麵條撈起，拌點橄欖油，
   放涼備用。

2. 熱炒鍋，倒入橄欖油把蒜片、辣椒片放進鍋
   中爆香至呈現出金黃的色澤，然後主角上場
   了——把蛤蜊及海瓜子拌炒一下下，再倒入
   白酒爆香，讓蛤蜊及海瓜子釋放湯汁，然後
   燉煮一會兒，等湯汁收乾到約剩一半時，放
   入少許鹽和黑胡椒來調味。

3. 將煮好放涼的細麵加入做法2.，讓白酒蛤蜊
   海瓜子的湯汁與麵條完全融合，再加入九層
   塔及青花菜拌炒入味。

4. 最後撒上西洋芹，點綴出誘人的盛情。

美味最關鍵
留意
不開口的蛤蜊

1. 蒜片、辣椒片爆香時，先在
   鍋裡放點鹽，這樣蒜片、辣
   椒片就比較不會沾鍋。

2. 煮蛤蜊與海瓜子時，務必出
   現「開口笑」，若出現無法
   煮開殼的，表示海鮮已經死
   了，記得撈起丟掉，否則整
   盤麵會臭掉。

3. 因蛤蜊、海瓜子已有鹹味，
   所以鹽的用量要特別小心。

乳酪焗烤
肉醬千層麵

記得第一次吃這道肉醬千層麵，是個並不怎麼飢餓的狀態，但它一上桌就討好我的腸胃，
吃起來有種很特別的軟香，並帶著微微焦脆，讓人眷戀於唇齒間多層次的律動，
美味口中四溢。夾雜著酒香與奶香的肉醬內餡，一咬下去，品嚐的慾望瞬間爆開，
忍不住忘情的咀嚼。不管此刻你正處於那種記憶的夾層，
濃郁的起士混合扎實的牛肉，肯定會令你念念不忘。

● 材料Ingredients 2人份

雞蛋千層麵 500g
(Pasta Lasagne #112)

無鹽奶油 300g

洋蔥 20g (切碎)

紅酒 30g

去皮大蒜仁 20g

牛絞肉 200g
(要「肥1：瘦3」
的黃金比例，
超市有現成調配好的)

低筋麵粉 300g

培根 20g

比薩用起士絲 40g

罐頭蕃茄 30g
(去皮，整粒「略長型」，
推薦義大利品牌)

鮮奶 300g
(建議用全脂的，風味比較好)

白醬

鮮奶油 30g

鹽 1小匙 (煮麵用)
1小匙 (牛肉醬)

白胡椒粉 5g

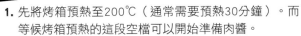

● 做法 Guide To Cook

1. 先將烤箱預熱至200℃（通常需要預熱30分鐘）。而
等候烤箱預熱的這段空檔可以開始準備肉醬。

簡單且經典的牛肉醬做法如下：
先將罐頭蕃茄切大丁，培根切碎，接著橄欖油熱鍋，
加入大蒜仁爆香，然後把牛絞肉、罐頭蕃茄丁與培
根碎一起放進去炒到出現漂亮的金黃色澤，再用紅酒
爆香，此時可同步加鹽及白胡椒來調味。大約要煮個
30分鐘左右，才能讓肉汁與醬汁充分融合，然後關
火備用。

2. 接下來準備白醬，做法如下：
· 無鹽奶油＋低筋麵粉＋鮮奶——比例為1:1:1。
· 開小火，無鹽奶油在鍋子裡融化後，加入低筋麵粉，
用打蛋器攪拌混合，這個步驟稱為炒麵糊。
· 麵糊攪拌均勻後加入鮮奶，記得要不停的快速攪拌，
直到冒泡有黏稠度，然後再倒入鮮奶油拌勻便可起
鍋。

乳酪焗烤
肉醬千層麵
Classic
Homemade Lasagne

3. 將準備好的烤盤拿出，開始鋪千層麵囉！這個步驟
很重要，首先在盤底鋪一層麵皮，麵皮上鋪一層肉
醬，肉醬上面接著的是白醬。這個動作請重複：麵
皮、肉醬、白醬。然後在最後一層的肉醬上鋪一層
比薩起士絲。

4. 鋪好之後把整個烤盤送入200℃的烤箱，大約烤20分
鐘左右，烤到表面呈現美麗的金黃色並帶出焦脆感
就可以上桌了。

美味最關鍵

前日製作
次日享用

1. 用無鹽奶油，比較
不會影響調味。

2. 用紅酒爆香，是為
了減少澀味，同時
讓肉質變軟。

3. 通常放隔夜的千層
麵，風味較佳，所
以適合先料理起來
備用，等宴會時從
容上桌。在國外，
尋常的家庭聚會往
往可以看到肉醬千
層麵的出現，主人
家多半先把它做好
放著，要吃的時候
用微波爐加熱5~7分
鐘，便可討好每一
張嘴。

Penne Carbonara

奶油培根
蛋黃筆尖麵

濃郁的奶香味總是能輕易打開挑剔的胃口，
很多媽媽們會選擇它來討好家裡的小孩們，尤其加上筆尖麵，
中空的形狀，吃起來特別有食趣，有種說不出的義式幽默，
也因為這點好玩的入口滋味，所以有不少熟女亦偏愛這道麵點。
同時，因為料理起來，簡單上手，對想試試動手料理的外食族來說是很棒的選項。

- 筆尖麵 160g
  (Pasta penne Rigate#41)

- 培根 50g
  (切末)

- 帕瑪森起士 3大匙
  (Parmesan，60g，切粗碎)

- 無甜味白酒 1大匙

- 巴西里 少許
  (切末)

- 鮮奶油 150g
  (全脂)

- 洋蔥 10g

- 蛋黃 2個

- 鹽 1小匙(煮麵用)

- 大蒜仁去皮 10g

● 做法 Guide To Cook

1. 筆尖麵在水滾時放入，記得加入1小匙的鹽（提味），煮約8~10分鐘即可撈起，拌點橄欖油，放涼備用。

2. 接著以鮮奶油熱鍋，去皮大蒜仁切片及洋蔥切碎下鍋爆香，加入培根片及起士粉拌炒出香味，再加入白酒爆香，放入筆尖麵拌炒。

3. 奶油蛋黃筆尖麵的高潮，便是在做法2.後馬上關火，接著離火加入生蛋黃，然後快速攪拌均勻，最後撒上少許巴西里末，做出完美的結束。

美味最關鍵

生蛋黃
的上場時機

1. 煮麵的時間，8分鐘是彈牙，10分鐘則是帶軟的口感，看個人喜好。

2. 生蛋黃一定要最後上場，且記得務必「離火」與「快速攪拌」，才能吃到出奇滑順的口感，否則會變成像蛋花湯的模樣。

Spaghetti
Sauteed

干貝櫛瓜鮮蝦麵

無論做成青醬或紅醬，這道料理都很對味。

綠櫛瓜與風乾蕃茄的口感，再配上一點點的辣椒，

瞬間會讓你有置身異國的錯覺，

還有那繽紛的色澤讓味蕾久久忘了回到現實。

老實說，我沒想到風乾的蕃茄與干貝、鮮蝦、

海瓜子居然這麼合拍，滴上一點白酒，讓人吃了還想再吃。

當然，食物風乾機對這道麵點的口感功不可沒，

不管是風乾的蕃茄或是任何你想像得到的蔬菜，

都能保存它原來的甜美口感，

甚至當零食吃，都相當便利。

● 材料Ingredients 2人份

- 綠櫛瓜 35g
- 義式細麵 160g (Pasta Linguine # 7)
- 洋蔥 20g (切碎)
- 無甜味白酒 10g
- 九層塔 10g
- 蝦仁 4尾
- 蛤蜊 50g
- 海瓜子 50g

- 蘆筍 3根(切小段)
- 去皮犬蒜仁 20g (切片)
- 風乾蕃茄 35g
- 辣椒 10g
- 鹽 1小匙(煮麵用)
- 胡椒 少許(3g)
- 新鮮干貝 2個 (也可用扇貝代替)
- 橄欖油 20g (extra olive oil)

● 做法 Guide To Cook

1. 起鍋加水加1小匙鹽滾沸，放入義大利麵煮約7分鐘即撈起，拌點橄欖油後備用。

2. 將綠櫛瓜切成條狀，洋蔥切碎，辣椒切成段，然後都放在一旁，備用。

3. 熱油鍋，將去皮大蒜仁炒至金黃色，接著放入洋蔥碎一起拌炒後，開始加入海鮮類食材──蝦仁、干貝、海瓜子及蛤蜊，統統下鍋後，連綠櫛瓜、蘆筍也一起，然後將白酒倒入煮至醬汁略微收乾時，這時加入風乾蕃茄，再放入適量鹽及胡椒來調味，以小火炒2分鐘。

4. 接著將做法 1.的義大利麵放入做法 3.，吸收湯汁，等湯汁收乾後，起鍋前再放入九層塔拌勻即可裝盤。

干貝櫛瓜鮮蝦麵

Spaghetti
Sautee

美味最關鍵 綠色櫛瓜與風乾蕃茄

1. 綠櫛瓜含有豐富葉酸，口感介於絲瓜與瓠瓜，帶著很鮮爽的甜味，水分很多，只要用烤箱稍微烤一下，風味絕佳，但多半在進口超市才能採買到（櫛瓜有分成黃櫛瓜與綠櫛瓜兩種）。

2. 而風乾蕃茄，可以用現在很夯的食物風乾機來協助，不但能留住蕃茄本來的風味，且口感上更濃郁，營養也不流失。當然，若沒有食物風乾機，烤箱也可以，低溫80℃，烤1-2小時，記得蕃茄上面塗點橄欖油。

Porcini
Mushroom Risotto
經典牛肝菌燉飯

這是我個人超愛的義式主食，牛肝菌有特殊的香氣，
讓料理也跟著優雅起來。每年9月到隔年3月是它的產季，
當季食用更加美味，是歐洲人常用來入菜的貴族菌類。
因為牛肝菌屬於高檔食材
（乾燥的1公斤約450元；新鮮的1公斤約1,500元），
所以這道料理其實不那麼平價，但基於寵愛味蕾的前提下，
是絕對值得用它來犒賞五臟廟的。
牛肝菌適合用烤箱烤或大火煎炒，以風乾的牛肝菌搭配新鮮的牛肝菌，
讓醬汁煨燉後充分入味，香氣逼人，口感滿分。

● 材料Ingredients 2人份

- 牛油 50g
- 義大利米 80g
  (GALLO 牌的ARBORIO品種)
- 精靈菇 40g
- 鴻喜菇 30g
- 雞高湯 150g
- 特級橄欖油 20g
- 去蒂生香菇 30g

- 帕瑪森起士粉 40g
- 去皮大蒜仁 10g
- 鹽 1小匙
- 風乾牛肝菌 55g
  (進口超市可買到)
- 黑松露醬 40g
  (進口超市可買到)
- 新鮮牛肝菌 55g
  (進口超市可買到)

Porcini
Mushroom Risotto
經典牛肝菌燉飯

美味最關鍵
快手拌炒
米飯更香

1. 新鮮的牛肝菌上會有附著的砂土，記得要清除乾淨再開始料理。而清除砂土切記不能泡水或用水清洗，要用抹布沾濕慢慢擦。因為菌類是海綿體，泡水或用水清洗，會影響風味。

2. 以牛油拌炒的這個過程，記得拌炒的時候手不能停，動作要快。因為透過拌炒的過程，會讓米飯產生蓬鬆的口感，滋味更佳。

● 做法 Guide To Cook

1. 先把大蒜仁、精靈菇、去蒂生香菇、鴻喜菇、牛肝菌菇等切片備用。

2. 熱鍋，倒入橄欖油將蒜片爆香，接著把牛肝菌菇、精靈菇、生香菇、鴻喜菇等各式菌菇全部入鍋，以中火拌炒，並佐以少許黑松露醬調味。

3. 將義大利米倒入鍋中，連同菌菇類一同拌炒至略呈金黃色，這時候一邊炒要一邊倒入雞高湯，加鹽(約5g)調味，然後用小火燜煮5分鐘，等米粒完全吸收湯汁，並充分融入菌菇類的香氣後，接著再加入牛油，將所有食材與米粒快速拌炒。

4. 最後起鍋前滴上少許橄欖油，撒上少許起士粉裝盤即可享用。

西班牙海鮮飯

海鮮的味道加上番紅花特有的香氣,熱情地喚醒你的食慾,

心情不high的時候可享用這道西班牙的節慶料理,感受一下老外歡聚用餐的氣氛。

在西班牙幾乎每個家庭的媽媽都會做這道「國飯」,當然每個人的做法都會略有不同,

所以並沒有所謂「正宗」的版本。這道料理重點在於拌炒與高湯燜煮的過程,

尤其是番紅花的提味,讓海鮮飯有了絕對美味的優勢,

所以西班牙海鮮飯又有「黃金海鮮飯」的美譽。

● 材料 Ingredients 2人份

- 四季豆 30g
- 小蕃茄 30g(切丁)
- 花椰菜 30g
- 番紅花絲 100mg
  (也可用番紅花粉代替)
- 紅椒粉 20g
- 無甜味白酒 10g
- 蝦仁 40g
- 魚高湯 1碗
  (用白肉魚加點白酒熬煮)
- 七星斑 去頭尾約350g
  (切成7等份,
  也可用其他白肉魚替代)

- 紅、黃椒 2片
  (裝飾用)
- 去皮犬蒜仁 20g
  (切片)
- 義犬利生米 120g
  (推薦用GALLO牌的ARBORIO品種)
- 特級橄欖油 20g
- 中卷 80g
- 蛤蜊 60g
- 蟹肉 40g
- 新鮮干貝 2個
- 鹽 1小匙
- 胡椒 1小撮

美味最關鍵

讓米粒吸飽湯汁

1. 在整個料理的過程，務必要讓米粒吸飽湯汁，充分入味。切記在做法2.中要隨時注意，不要讓米吸乾鍋中的湯汁而燒焦了，那可就前功盡棄囉！尤其是拌炒的過程中不能分心偷懶，要勤翻動鍋中的食材。

2. 採買的海鮮一定要新鮮才能做出好滋味，而且要完全洗乾淨才能下鍋：中卷洗淨後記得將薄膜去除，這樣可避免腥味；蛤蜊要放在鹽水中吐砂，這些小細節都不能省略。而蛤蜊下鍋後要拌炒至「開口笑」，中卷則是看到變白即可，然後放入蝦仁跟新鮮干貝繼續拌炒，滴入無甜味白酒，引出海鮮最完美的味道。

3. 番紅花是這道料理的絕色調味，而番紅花絲的味道比番紅花粉要來的更純一點。

● 做法 Guide To Cook

1. 熱鍋，倒入橄欖油把蒜片爆香，等蒜香味出來時，將蕃茄丁及花椰菜下鍋，讓蕃茄略煮出湯汁，就可以開始加入義大利生米與海鮮料。

2. 米與海鮮料烹煮的過程是採用所謂「半煮半燜」的方式，就是把義大利生米與其他食材均勻拌炒，等米粒完全吸收海鮮與蔬菜的湯汁後，接著加入魚高湯，蓋上鍋蓋，把整鍋放入預熱200℃的烤箱裡15~20分鐘（喜歡硬米口感的，15分鐘就夠了；如果喜歡吃軟一點的米飯，23分鐘比較OK）。

3. 取出烤箱裡的鍋料理，將四季豆及番紅花粉加進去，並加入適量的鹽及胡椒，然後蓋上鍋蓋，再放進預熱120℃的烤箱裡3分鐘，就大功告成。

華麗饗宴的焦點
主菜

主菜，常常是用餐中的重頭戲，也是waiter在開始上菜後，不斷企圖營造的一種期待氛圍。因為它呈現的是掌廚者的功力與神髓，所以，主菜的水準有著決定性的關鍵，一旦遜色，即便其他的料理都恰到好處，仍是令人嘆息的來源。

雖然，愈來愈多的論述說明，討好飢餓的味蕾，不一定非得由主菜來完成，然而，在用餐的程序裡，主菜烙印在人們的舌尖上的記憶，依舊舉足輕重。如何讓牛排、雞腿、鮭魚等這些主菜的要角，展現吃巧且吃飽的好味道，而非乏善可陳的填肚子而已，這考驗的就是手藝與能耐。

主菜下肚，元氣加持，這次，讓美好的銷魂口感，為你找到吮指回味的理由。

出場序

巴斯克烤牛排 *Marinated Steak with Basque Bonito and Vegetable*
(同場加映：烤羊排 *Lamb Rack)*
佛羅倫斯烤牛小排沙拉 *Short Rib with Sala in Florence Style*
(同場加映：烤牛小排 *Grilled Beef Short Ribs)*
蒜炒明蝦 *Garlic and Chilli Prawns*
水煮豬腳 *Salty Pork and Vegetables Stewed*
西班牙煎蛋餅 *Spanish Tortilla with Wild Mushroom*
紅酒燉牛腩 *Beef and Red Wine Stewed*
辣味烤雞腿 *Deviled Chicken*
檸檬奶油鮭魚 *Pan-roasted Salmon Steak with Lemon Butter*

掌廚人物

周維德 Jackie Chou
傑克的廚房 Jackie's Kitchen 主廚

原本專注的是歐陸料理，
但一個偶然機緣下，誤打誤撞接觸了 tapas 以後，
就迷上它的簡單、自在與悠閒。
於是他將喜愛落實成一個夢想，且築夢踏實，
希望讓這份隨意且輕鬆的美味，能成為更多人的口腹享受。

Marinated Steak
with Basque Bonito and Vegetable

巴斯克烤牛排

這是西班牙巴斯克當地的著名美食，原味燒烤的牛排，
佐以蔬菜、大蒜、橄欖油所製作的調味醬汁，
用蔬菜的鮮甜來帶出牛排的香嫩肉汁。
不同於蘑菇醬、黑胡椒醬等醬汁所呈現的風味，
這道牛排另有一番濃郁風情。

- 青椒 35g
- 犬蒜 15g
- 綠辣椒 3根
  (綠色的比較不辣)
- 鹽 1小匙
- 橄欖油 20g
- 風乾小蕃茄 80g
- 黑胡椒 1小匙

- 洋蔥 35g
  (推薦屏東的洋蔥)
- 荷蘭芹 1小把
  (切碎)
- 紅酒 30ml
  (建議用比較不甜"Dry"的酒)
- 牛排 300克
  (建議用肋眼部位，
  因屬油花較多，適合燒烤)
- 蒜頭酥 15g

● 做法 Guide To Cook

1. 先將鹽、紅酒、蒜末、黑胡椒攪拌均勻後塗淋在牛排上，醃漬15分鐘，務必要讓肉能夠入味。

2. 確定入味後，把醃料去掉，用橄欖油熱鍋，等油冒煙後將牛排放上去煎，大火煎至兩面上色，時間長短依你想要的熟度而定，通常3~5分鐘。

3. 然後把牛排送進已預熱的180℃的烤箱，烤10分鐘。家用烤箱因空間小，熱循環不好，所以溫度要低，時間要長。

4. 將洋蔥、青椒、風乾小蕃茄切小丁、大蒜切成末。

5. 用剛剛的鍋子加點橄欖油，把洋蔥、蕃茄放進，用小火炒一下，再放青椒慢火拌炒，接著加入鹽、紅酒、黑胡椒來調味，使洋蔥、風乾小蕃茄與青椒等配料能擁有多層次的口感。

6. 把綠辣椒整根過油，然後把做法**5.**完成的配料與綠辣椒排入牛排盤中，最後撒上蒜頭酥即可上桌。

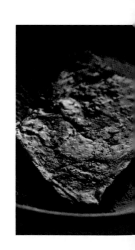

巴斯克烤牛排
Marinated Steak
with Basque Bonito and Vegetable

美味最關鍵
靜置在
微溫的鍋中

1. 做法 **1.** 醃牛排的步驟，簡單但非常重要，是決定了這道料理的美味關鍵。

2. 牛排煎好後，先把它靜置在微溫（45℃-55℃）的鍋中，此舉是為了讓肉汁均勻分布在整塊牛排裡。煎多久就放多久（超過2cm厚的紅肉就需要有這個步驟哦），這樣牛排會更好吃。

3. 綠辣椒整根過油後，可以轉化甜味，當配菜用，凸顯主菜口感。

4. 「先煎後烤」這兩個步驟是為了要讓牛排的風味更完整。煎，讓肉質表面急速加熱，鎖住原味。烤，讓均勻的高溫透出豐富的肉汁。

同場加映 烤羊排

做法與牛排相同，但要注意的是——羊排需要去筋、去油（因為羶味都在油裡），然後用鹽與黑胡椒調味即可。

Short Rib
with Sala in Florence Style

佛羅倫斯烤牛小排沙拉

豐富的油花，軟嫩的口感，加上肉香滿溢，一塊好的牛小排真的可以給你極樂美味，
而好肉吃原味已是一絕，若肯再費些工夫配上生菜沙拉，
熱鬧襯托，便是一份舌尖上的奢侈。

黃檸檬

材料Ingredients 1~2人份

- 洋蔥 30g
  (推薦屏東的洋蔥)

- 鹽 1/2小匙

- 橄欖油 10g

- 杏仁片 20g
  (買現成的即可)

- 黑胡椒 1小匙

- 綠捲鬚生菜 4~5片
  (也可用現有的生菜替換)

- 美生菜 80g

- 紅捲鬚生菜 2~3片
  (也可用現有的生菜替換)

- 紅甜椒 15g
  (不用去皮)
  黃甜椒 15g
  (不用去皮)

- 牛小排 210g

- 蘋果 半個
  (去皮)

美味最關鍵
選用冷藏肉

1. 牛小排要盡量用冷藏肉，避免選冷凍肉。
2. 醃漬牛小排的那15分鐘，記得要放室溫，不要放入冰箱，這樣可以讓牛小排比較容易烹調。

同場加映
烤牛小排

如果你想吃的是烤牛小排沙拉，把做法1~6完成，但若只想品嚐牛小排，做法就更簡單，僅需把做法 **1. 3.** 完成，再加上自己喜歡的調味料，當然，喜歡吃原味的人，撒一點海鹽單煎也很棒。

做法 Guide To Cook

1. 先將鹽及黑胡椒撒在牛小排上，並淋上橄欖油，醃漬15分鐘。

2. 接著料理生菜沙拉部分。將美生菜撕成小片，洋蔥切片，紅甜椒及黃甜椒切成細長條狀，紅捲及綠捲撕成小片，杏仁片烤香2~3分鐘，蘋果切片，檸檬榨汁。以上均放一旁備用。

3. 然後開始煎牛小排，煎的時候，需要先熱鍋。此時熱鍋無需放油，因為牛小排的油很多。煎牛小排用中小火雙面煎5分熟，煎完放置一旁約5分鐘。過程裡用鋁箔紙將盤子包裹起來，除了保溫還可讓肉汁均勻分布在整塊牛排裡。

4. 利用牛小排放置的這5分鐘，把做法2.準備好的生菜沙拉放入盤中排盤。食材的多寡，依個人喜好及當場人數而定。

5. 將牛小排斜切成長條狀放在生菜沙拉上。

6. 等準備上桌時淋上檸檬汁及橄欖油，便大功告成。

Garlic
and Chilli Prawns

蒜炒明蝦

橄欖油的香純，鹽與胡椒的調味，合宜的火候，
這是一道難度不高且色香味俱全的異國料理，也是忙碌一天之後，
想要快速享用到美食的最佳選擇。
簡單有味，吃來有勁，最能滿足你的口腹之慾。

鹽 1小匙

明蝦 5~7隻

黑胡椒 1小撮

犬蒜 60g

橄欖油 2犬匙
(30 g，
建議用特級橄欖油）

● 做法 Guide To Cook

1. 先用紙巾把明蝦表面的水分吸乾，也就是蝦殼不能有水，等一下煎的時候，比較容易逼出蝦殼的香氣。

2. 熱鍋後倒入橄欖油，中火加熱，把明蝦煎至橘紅色並有香氣散出，取出，備用。

3. 接著大蒜切片，爆香，然後把剛剛煎好的明蝦放下去一起小火拌炒，最後用鹽、黑胡椒適度調味，即可盛盤。

美味最關鍵

小火拌炒蒜片與明蝦

1. 明蝦不去殼，讓蝦肉不直接受熱，可以保有彈牙的口感。

2. 蒜片與明蝦用小火拌炒的這個過程很重要，因為此時蒜的味道已進到橄欖油裡，而橄欖油又被明蝦所吸附，起鍋前再加點鹽，讓鹽吸附在食物表面，如此可完整帶出明蝦的鮮味。

3. 橄欖油的品質決定這道菜的美味程度，建議要用西班牙、義大利、葡萄牙等國家生產的比較好。

Beef
and Red Wine Stewed
紅酒燉牛腩

以紅酒代替高湯來燉牛肉，
是很經典的法式料理之一，
就好像中式料理慣用米酒來調味一樣，
充滿濃濃的異國美食特色。
醃過紅酒的牛肉煮起來充滿葡萄酒香氣，
也能討好味蕾，讓人怎麼吃也不會膩，
用來請客也很棒。

● 材料Ingredients 2～3人份

•鹽 2小匙

•馬鈴薯 1個

•黑胡椒 1小匙
　　(5克)

•紅蘿蔔 1條

•青花菜 3小朵

•紅酒 750ml
(1瓶，一般用比較不甜的酒，
目的是讓肉入味)

•牛腩 350g
(建議選顏色鮮紅的牛肉
顏色若是暗紅色，
表示是經解凍的肉質)

Beef and
Red Wine Stewed
紅酒燉牛腩

● 做法 Guide To Cook

1. 先煮一鍋水，水滾後將牛腩入鍋汆燙，等肉轉白色即可取出，放涼備用。記得水要蓋過牛腩。

2. 接著將紅蘿蔔、馬鈴薯去皮，切塊。

3. 然後把剛剛的鍋子清洗乾淨（或另起一個鍋子），倒入紅酒及牛腩大火煮滾（不要加水），再把紅蘿蔔、馬鈴薯以及鹽、黑胡椒一起轉小火煮30~45分鐘。

4. 起鍋前加入青花菜燙熟，盛盤即可。

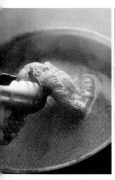   

美味最關鍵
配上剛烤過
的麵包

1. 用整瓶紅酒先醃泡牛腩至少30分鐘，使其入味，同時也會讓牛腩的肉質更加軟嫩。

2. 牛腩切記不要切太小，因為在燉煮的過程中，牛腩會縮小。

3. 牛腩燉好後，蓋上鍋蓋熄火，放置1~2小時會更入味、更好吃。若下一餐要食用前加熱，記得用小火且煮到熱即可（有冒煙的感覺），千萬不要煮到滾。

4. 牛腩起鍋後，配上剛烤過的麵包最對味。沾上那酒香醬汁的麵包，瞬間像施了魔法般，非吃不可。

Spanish Tortilla
with Wild Mushroom

西班牙煎蛋餅

這是西班牙最常見的家常料理，把許多平凡的食材放進去，
煎蛋變得厚實，內餡豐富，咀嚼起來相當有口感。
你也可以來個大變身，用手邊現有的食材來替代，
依照個人的口味去設計，愛吃什麼就放什麼，
創造屬於你自己的西班牙煎蛋，
唯獨不要缺了馬鈴薯這一味即可。

鮮奶油 20ml
(選乳脂肪含量超過30%的，
吃起來才滑順爽口)

無鹽奶油 8g

紅蔥頭 20g

菠菜 10g(切小段)

香菇 20g

鹽 1/2小匙

白胡椒 1.5g

沙拉油 1公升
(炸油)

馬鈴薯 半個
(盡量挑飽滿的)

蘑菇 20g
(選本地產、帶點泥巴的最好，
千萬別買外表雪白的蘑菇，
那通常都是經過漂白處理的)

蛋 2個

● 做法 Guide To Cook

1. 先把馬鈴薯去皮，切成0.6cm的厚片，中火炸熟，備用。

2. 將蘑菇、香菇去蒂，紅蔥頭切片，然後將這三樣入鍋，用
奶油炒至軟熟備用。

3. 把蛋及鮮奶油打均勻備用。

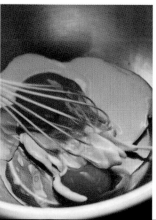

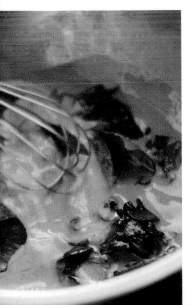

4. 將做法**2.**放涼後倒入**3.**裡，同時放入菠菜、炸熟的馬鈴薯以及鹽、白胡椒粉，一起攪拌均勻。

5. 用無鹽奶油先熱鍋，然後把做法**4.**放入鍋裡（圖示用的為進口小鍋）稍微煎熟，若沒有圖示裡的此種特定的鍋子，可用8吋的平底鍋代替（平底鍋一樣也要先吃油），煎熟的蛋餅應該要有約2.5cm左右的厚度，接著連鍋帶料放進已預熱130~140℃的烤箱烤30分鐘，即可香噴噴上桌。這道菜做法與台菜烘蛋類似。

美味最關鍵

加入少量鮮奶

1. 想要西班牙蛋餅做出蓬鬆感，建議加入少量鮮牛奶於蛋汁中，切記不要倒太多，因為過多會讓整個蛋餅坍塌，而不能做出漂亮的形狀。

2. 略為煎熟的蛋餅有厚度，送進烤箱才能使其四面受熱，透過均勻受熱會讓蛋餅的香味更足、更好吃。

Salty Pork
and Vegetables Stewed

水煮豬腳

相較於炸或烤豬腳的酥脆，水煮豬腳的軟嫩既無損肉香，
同時還有Q滑的嚼感。且因為不油膩，禁得起多嚐幾口，
豐富膠質便隨著美味下肚，無怪乎這彈牙的好料，老少咸宜。

● 材料Ingredients 3~4人份

馬鈴薯 150g

花椰菜 30g

豬腳 500g
(選豬的後腿腿包「腿扣」，
大型超市可以買到
煮熟的豬腳。若不嫌麻煩
可買生的來料理)

鹽 2 小匙(醃豬腳用)
1/2 小匙(調味用)

白蘿蔔 150g
(建議用日本的白蘿蔔，
比較耐煮)

酸黃瓜 6~8小條
(罐裝，選用小條的才脆)

白胡椒 10g
(白胡椒的香味比較淡)

● 做法 Guide To Cook

1. 若買煮熟的豬腳，因已加鹽，所以調味時要減少鹽分。然後用手把豬腳分開骨與肉。若買生的豬腳，先汆燙，然後加鹽2小匙、肉桂葉（1片）、胡蘿蔔（100g）、西洋芹（100g）、洋蔥（100g）放入滾水煮45分鐘（水的份量，以能蓋過豬腳為準）。

2. 白蘿蔔與馬鈴薯切塊，備用。

3. 把取下的豬骨與1公升的水用小火熬煮45分鐘，接著將切好的白蘿蔔塊也放進去煮45分鐘煮至軟，然後再加入馬鈴薯及豬腳肉熬煮15分鐘。

4. 起鍋前加入花椰菜、鹽、白胡椒，最後撈出豬骨，盛盤即可。

美味最關鍵
酸黃瓜畫龍點睛

1. 做法3. 豬骨與水熬煮的過程，切記要小火慢煮，且不要加蓋，以免把湯煮乾了。而水煮鍋的鍋身要夠深，底面積要小。

2. 日本白蘿蔔很耐煮，所以要先跟骨頭一起熬煮，之後再放入豬腳肉煮到熟透，用筷子戳一下，若容易拔出，即可熄火。

3. 酸黃瓜雖是配菜，但絕不可少。還有最好不要換成酸白菜，因味道不如酸黃瓜來的那麼搭。

Deviled Chicken

辣味烤雞腿

烤雞腿其實是最平民的貴族餐，香噴噴的雞腿美味，
混著黑胡椒的微嗆口感，將這外表酥脆裡面多汁的烤肉咬上一口，
好吃到幾乎讓你忘記前一秒中置身現實的煩惱。

黑胡椒 10g

鹽 1小匙

● 雞腿 300g

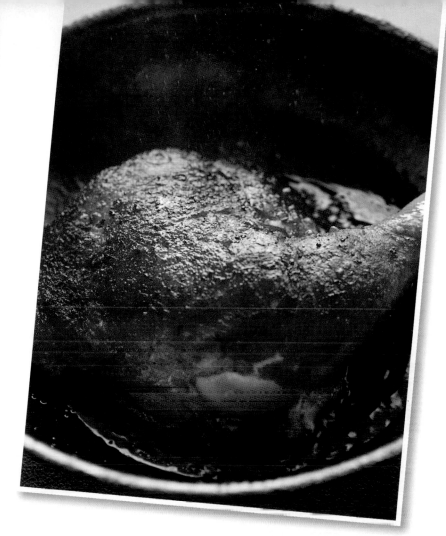

美味最關鍵

煎的時候
不要放油

1. 調味時，肉要先擦乾水分，才加上鹽及黑胡椒。

2. 煎的時候，千萬不要放油，用雞肉以及雞皮的油即可，因為那香氣最棒，味道也最好，同時要以小火先煎帶皮的那一面，翻面後直接送進烤箱。

3. 雞肉好吃的秘訣，就是要把皮煎到不帶油，且烤到金黃酥脆。

● 做法 Guide To Cook

1. 先將鹽及黑胡椒均勻塗抹於雞腿上，然後雞腿醃漬約20分鐘，讓其充分入味。

2. 接著開小火，用不沾鍋煎雞腿帶皮的那一面，不要放油煎，然後煎至金黃關火，沒皮的那一面不用煎。

3. 烤箱預熱至160℃烤10~12分鐘，帶皮的向上，不要直接烤到雞肉，同時記得要把雞皮的油完全逼出。因為家用烤箱較小，所以溫度要較低，時間要拉長。若是大烤箱，可預熱至250℃（只開上火）烤7~8分鐘。

4. 從烤箱取出後，盛盤即可。

檸檬奶油鮭魚

無論是生食、煙燻或加熱料理，鮭魚的口感總是自成一格。
魚脂鮮美豐潤，配上簡單又能襯出鮭魚肉質的醬汁，
不過度的烹調，留下最自然的成分，
這是一道製作方便、健康無負擔的輕鬆美味。

● 材料Ingredients 1～2人份

- 荷蘭芹 10g
- 鹽 1/2小匙
- 鮭魚 180g
- 紅蔥頭 60g
- 黃檸檬汁 30ml
- 黑胡椒 5g
- 無鹽奶油 60g

美味最關鍵
煎魚
不能翻來翻去

1. 完美的煎魚方式，只能翻面兩次，不能翻來翻去，使魚汁流失，美味驟減。
2. 煎魚火候大小的控制也是訣竅，先將一面煎至金黃，然後翻面煎至上色。

● 做法 Guide To Cook

1. 先將鮭魚以鹽、黑胡椒醃10分鐘，然後把荷蘭芹切碎備用。
2. 接著熱鍋加入橄欖油，將鮭魚煎至兩面金黃。
3. 取出鮭魚，用橄欖油（40克）將紅蔥頭炒至透明即可。接著加入檸檬汁與無鹽奶油，做成醬汁。
4. 淋上做法3.的醬汁，放上荷蘭芹即可。

無可救藥的依戀甜點

不管你同不同意，我都要說：好吃的甜點往往比主菜
更教人迷戀。為了那一口，即便正在進行的事彷彿都
可以擱置一旁！

很多人偏愛甜點所給予的情境，包括味覺與視覺，它
可以勾起美好的記憶，也能鋪陳歡愉的片刻，讓你暫
時逃離惱人的現實，擁有幸福的當下。如果就用餐的
流程來說，甜點上桌的次序雖然在主菜之後，但它往
往是用餐完美與否的關鍵，所以，它不是附加的，更
不是配角，它是在滿足需要之後的專屬，是最漂亮的
句點。

就像煙火一樣，出色的甜點，是高潮，留下最美的印
象。難怪，有大廚會這麼說：如果菜不出色，記得用
甜點扳回一城──你不信???我可是屢試不爽呢！

出場序

經典起士蛋糕 *Classic Cheesecake*

義式奶酪 *Tofu Custard*

紅酒燉梨 *Pears & Red Wine*

烤布蕾 *Creme Brulee*

米布丁 *Rice Pudding*

掌廚人物

譚溥燊 Martin Thompson

台北君悅大飯店點心房主廚

出生於英國的他，從小最愛外婆與媽媽親手做的甜點，
在耳濡目染之下，開始對烘焙產生濃厚的興趣，
中學畢業後便全心投入正統的法式烘焙殿堂。
不以花俏的妝點與擺飾為訴求，
希望能呈現甜點的原味和口感，他尤其推崇本地的水果，
無論是品質或甜度都極為適合運用在甜點裡。

Classic Cheesecake
經典起士蛋糕

一直覺得，起士蛋糕不像蛋糕。

因為，它不夠色彩繽紛，沒有漂亮裝飾，

外表「素素」的，始終讓我忽略了它的「蛋糕本色」。

直到耐不住好友的盛情推薦，在半推半就下嚐了第一口，

於是，甩不開的味覺依戀，就此展開。

微微酸、微微甜，綿密的口感與濃郁的奶香在舌尖蔓延開來，

一種溫潤的情緒也同時在血液裡流洩著。

它就是這麼經典，

讓我每每在經過甜點櫥窗時總拒絕不了它的召喚。

● 材料Ingredients 7人份

餅乾 120g
(可用消化餅乾或
麗滋餅乾來做蛋糕的底部)

鮮奶油 100ml
(推薦用法國進口的「總統牌」
鮮奶油。該品牌鮮奶油
價格合理，品質穩定)

酸奶 50g
(推薦用澳洲品牌的BULLA)

起士 240g
建議用澳洲的CREAM CHEESE，
烤起來較不易失敗)

無鹽奶油 350g
(建議以「總統牌」為上選，
他牌有時會有臭油味。
冷藏可保存2個月，
冷凍則可達5個月之久)

黃檸檬 1個
(榨汁，備用。選黃色的檸檬，
因為黃色的滋味比綠色
的更香醇)

白砂糖 60g

全蛋 72g

經典起士蛋糕
Classic
Cheesecake

1. 將砂糖與起士用攪拌器攪拌1~2分鐘,若家裡沒有攪拌器,也可拿木頭攪拌匙代替,但時間可能得用15分鐘,才能完全將兩者融合。

2. 然後加入酸奶攪勻後,再倒入鮮奶油攪勻,接著加入蛋,做成蛋糕糊。若不想太甜,可在加蛋的同時放已經擠好的檸檬汁。

特別注意:此順序不可顛倒,如果弄錯,會讓材料不易拌勻。

  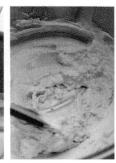 

3. 將模具(容器)的底部及邊緣抹上已先融化好的奶油,墊上烘焙紙(一般烘焙店都可以買到)。

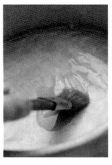 

4. 接著開始製作蛋糕底部。先把消化餅乾或麗滋餅乾搗碎(用手捏碎亦可),與無鹽奶油一起攪拌,讓餅乾在墊底時不會鬆散。

5. 然後把拌好的蛋糕底部(餅乾底)倒入烤盤中,用手或湯匙壓實,再倒入八分滿的蛋糕糊,在烤盤中加入清水約2~3cm高,可避免將cake烤焦。

搗碎的方法：把餅乾裝入塑膠袋，然後用橡皮筋束口，接著拿擀麵棍、搗肉棒或大酒瓶皆可，用力把餅乾碾碎，但仍需保有大顆顆粒，若打至粉狀會喪失口感。

裝飾起司蛋糕

1. 先準備好自己喜愛的水果，我的經驗是建議用莓類水果，例如：草莓、覆盆莓與藍莓，口感與起士蛋糕最搭，份量大約是每種莓各3、4顆。草莓去蒂切半，均勻混合所有的新鮮莓類，喜歡甜一點的可以加一點糖，用湯匙輕輕拌勻，再把拌勻的莓類擺放蛋糕上。

2. 然後淋上香草醬汁，也可用鮮奶油或覆盆莓醬。

3. 接著放上一朵薄荷葉（花市有賣整株的），最後撒點糖粉（icing sugar），超市都可買到。就色香味都有囉。

6. 將烤箱預熱至130~140℃，烤40分鐘。

7. 在移出烤箱前，以竹籤戳一下蛋糕的中央，若無沾黏的現象，便大功告成。

8. 取出，放涼後再放進冰箱冷藏4小時，美味滿分。

經典起士蛋糕
Classic
Cheesecake

美味最關鍵
熱刀切蛋糕

1. 一般的起士蛋糕是沒有加「酸奶」這一味的。然而，加了酸奶後，等於把整個Cheesecake大變身，讓原本較硬的口感，轉化為口感柔軟的蛋糕，同時還可以減輕起士的味道。如果沒有酸奶，用優格也可以。當然，如果你就愛起士的濃烈氣味，那就別加了！

2. 至於怎麼切才能讓起士蛋糕漂亮上桌？準備一把蛋糕刀，然後放進約80℃的熱水，浸泡約10秒，用熱過的刀去切蛋糕，包準你切出的蛋糕乾淨俐落，絕對沒有不守規則的線條，就跟六星級甜點大師切出來的蛋糕一樣完美，讓你享用起來，感覺特別好！

- 無鹽奶油 *100g*
  （以「總統牌」為上選）
- 砂糖 *100g*
  （一般白砂糖即可）
- 蛋 *2個*
- 麵粉 *200g*
  （選用低筋麵粉）

做出美味的蛋糕底

前面介紹蛋糕的底是用現成的餅乾來做，要是你不怕麻煩想要自己動手，請你跟我這樣做。

● 做法 Guide To Cook

1. 先將麵粉用篩網過篩，讓粉末更均勻細緻，備用。

2. 把奶油與砂糖攪拌均勻，接著打蛋進去，拌勻後加入剛剛備好的麵粉。全部材料揉勻後，擀成厚度約5mm的麵皮。

3. 將烤箱預熱到180℃，把麵皮放進去烤20分鐘後取出，即成蛋糕的底部。。

Tofu Custard，乍聽之下，以為是用豆腐做的奶酪，
其實跟豆腐一點關係都沒有。只是因為加了鮮奶油，
讓義式奶酪吃起來的口感，就像在吃豆腐一般滑滑嫩嫩。
入口的乳香味，香Q濃滑，是令人忘卻繁瑣的百憂解，
你可以一口墜入幸福的時光，讓味蕾享受香醇的旅行。
簡單、不花俏，有種純粹的美感，吃在嘴裡，莫名上癮。

Tofu Custard
義式奶酪

• 白砂糖 300g

• 香草豆莢 1根
(好市多Costco有賣，
也可以用純天然
香草精代替)

• 吉利丁 35g
(盡量不要用洋菜代替，
口感會有落差)

• 鮮奶油 1,200ml
(推薦用法國進口的
「總統牌」鮮奶油)

• 牛奶 1,000ml

義式奶酪
Tofu Custard

● 做法 Guide To Cook

1. 先把吉利丁浸泡冰
水10分鐘，把吉利
丁泡軟，然後擠乾
水分，備用。

2. 將牛奶、糖、鮮奶油以小火加熱，其間要
用木頭攪拌匙慢慢攪拌，約3~4分鐘；再
將泡軟的吉利丁加入熱牛奶中攪拌至溶
解。如果想要有香草的氣味，可在此時加
入香草豆莢，煮約1~2分鐘。

香草可提升奶酪的香氣

1 香草豆莢可以提升整個奶酪的香氣。味道純然的香草豆莢，一煮就可聞到香氣，份量不要多。使用前，先用小刀剖開香草豆莢，然後用刀尖刮出黑籽取用，煮的時候，可以將香草籽與香草豆莢一起放下去煮，等奶汁煮好再把豆莢拿開。

2 想要將奶酪美美的倒在盤子裡端上桌，記得倒出前先將容器用溫水浸泡2~3分鐘，然後以小刀輕刮奶酪邊緣，再用手指按壓，即可完整地取出形狀漂亮的奶酪。

3. 接著把做法2.倒入容器中，容器的大小、形狀依個人喜好來選擇，但一定要可耐熱，避免塑膠類容器。然後將其冷卻後，放進冰箱3小時或更長的時間都無妨。

4. 要品嚐時直接享用，或找個美美的盤子，搭配當令水果，美味又健康。

Pears & Red wine
紅酒燉梨

我是在西班牙採訪的途中，見識了紅酒燉梨的魅力。

那年，一場正式的餐會，吃撐了來自世界各地的美食記者，

然而，最後上桌的甜點，卻讓每個人驚呼又驚嘆！

沒錯，就是紅酒燉梨。梨香中和著酒香，

檸檬與肉桂挑逗我把卡路里丟一旁，

經過小火慢燉的梨肉，甜美的汁液在口中流竄，

像熱戀中的情人，濃得化不開。

至於那酒紅的色澤，充分討好了我，

於是，就這樣臣服此一色相甜頭。

哦，據說多吃還能養顏美容呢！

● 材料Ingredients 2人份

• 柳丁皮 1/2個
(選新鮮柳丁，洗淨後，
用水果刀片下柳丁皮)

• 白砂糖 120g
(一般白砂糖即可)

• 肉桂條 2條
(選氣味愈強烈愈好。
在一般香料店或
大型超市皆能買到)

• 黃檸檬皮 1/2個
(選新鮮檸檬，洗淨後，
用水果刀片下檸檬皮)

• 紅酒 1,000 ml
(足以在鍋中完全
蓋過梨子的量)

• 梨 1kg
(本地水梨或西洋梨皆可。
或以其他耐煮、
帶核的水果取代，
如李子、桃子，
不過，都要挑選具硬度、
尚未軟熟者)

● 做法 Guide To Cook

  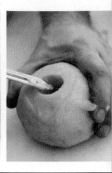

紅酒燉梨
Pears &
Red wine

1. 將水梨去皮、去核,若梨子較大,可以對半切好,備用。

2. 在有深度的鍋內加入紅酒、肉桂條、柳丁皮、黃檸檬皮,再加入砂糖一起以小火熬煮約5分鐘,直到砂糖溶化為止。

   特別提醒:為了避免把糖煮焦,所以記得用小火煮,

3. 將做法**1.**的梨子放進做法**2.**的紅酒糖汁中煮到軟,熄火加蓋,燜到涼為止(因還有餘溫,可以讓梨子多燜一下,更加軟透,同時讓紅酒糖汁完全滲透進水梨肉,滋味更優)。

4. 放進冰箱冷藏,要食用時再取出享用。

5. 搭配一球冰淇淋(牛奶或香草)或巧克力醬,插上兩片薄荷葉最對味。

美味最關鍵
挑選較硬的水梨

1. 紅酒品牌不限,但最好選質優一點的,可為此道甜點加分。而梨要挑選具硬度、尚未軟熟者,避免經燉煮而變形。至於柳丁皮與黃檸檬皮都是為了增加該甜點香氣。

2. 梨子和醬汁分開存放,可以放在冰箱慢慢吃。

Creme Brulee
烤布蕾

「敲開膠著的人生，開始享用現在的美好吧！」
用這樣的字句來介紹烤布雷，純粹是凸顯烤布雷與
一般傳統的布丁不同之處——它的上面多了一層薄脆的焦糖，
因著那層焦糖，讓人更期待下面的好事，
光想，就忍不住開心了起來。
有軟滑，有香脆，如此特別的反差，
恍若一場味蕾冒險，然後把瞬間的絕妙都融化在你口裡！

● 材料Ingredients 6人份

- 白砂糖 300g

- 牛奶 800ml
  （市售的新鮮牛奶皆可）

- 鮮奶油 700ml
  （推薦用法國進口的
  「總統牌」鮮奶油）

- 蛋黃 8個
- 全蛋 6個

烤布蕾
Creme Brulee

● 做法 Guide To Cook

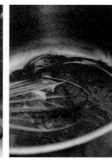

1. 準備個大碗（或較深的容器），將蛋黃與全蛋打散成均勻的蛋液。用電動打蛋器或手打都可以，只要打至完全均勻即可。

2. 將糖、牛奶、鮮奶油倒入鍋裡，用小火慢慢加熱，中間並用一根木頭攪拌匙持續輕輕攪拌，不能間斷，以避免燒焦，然後煮至80℃（基本上目測判定，看見鍋中出現小泡泡應該就差不多了）。

5. 將做法4.完成的布丁汁分倒入布丁模或容器裡。

6. 然後把布丁模送進已預熱至90℃的烤箱，烤約40分鐘即可（等到布丁模傾斜晃動，而裡面的布丁汁不會明顯流動就完成了）。
   特別提醒： 此道做法要記得將烤盤先注入清水，約到布丁模外面的一半高，為的是避免將甜點烤焦。

美味最關鍵

增加蛋黃的份量

1. 一般的布丁多半放全蛋，而烤布蕾為了增加香滑柔順的口感，特別增加蛋黃的份量。

2. 鮮奶液與蛋液調製的過程雖然簡單，但是，若沒有掌握好調製速度與技巧，這個烤布蕾可就有可能變成甜味蛋花湯囉！

3. 進烤箱時切記用低溫慢烤，口感才能又滑又柔，千萬不能搶快，要有耐心。

4. 要趁熱吃，放久了，表面的糖就會軟掉，所以要吃前再撒糖烤比較理想。

3. 將做法2.的鮮奶液趁熱循序地加入做法1.的蛋液裡，調製成布丁汁。特別提醒：若動作太慢，會造成蛋液汁凝結，變成蛋花的模樣就不妙了。

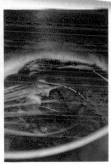

4. 接著過篩，就是用濾網過濾掉未打散的蛋液。這個步驟看似不重要但可絕不能省略，讓該甜點的口感更接近完美。

7. 取出布丁，放涼，再放進冰箱，冷藏約4小時。食用前，將噴槍加熱，把糖均勻撒在布丁上，用噴槍加熱30秒至呈焦糖狀。若沒有噴槍，可用烤箱的最高溫，以上火放在布丁最上面烤個30~90秒（依不同烤箱的時間而做調整），直到砂糖融化即可。

Rice Pudding
米布丁

米布丁對於東方人來說，應該是更容易接受的甜品，
因為它可是用白米下去煮的點心呢！牛奶跟糖是米布丁的絕佳配角，
當然，你也可以用楓糖來替代，滋味當然略有不同，
更重要的是，搭配性高的米布丁，可任意加上葡萄乾、巧克力片，
如果加上莓果更顯歐陸風情。

● 白砂糖 200g

● 白米 200g
(建議可用台東池上米)

● 牛奶 1,200ml
(不吃奶製品的人，
可以改換豆漿)

美味最關鍵
加入全脂牛奶

1. 米是該甜點的的主角，以白米為首選。糯米太黏稠，而糙米、胚芽米也都不對味。而米一定要煮到夠軟、夠透，做出來的米布丁才會好吃，若嫌太濃稠，可加點少量牛奶來稀釋。

2. 牛奶的選用，一般市售的鮮奶皆可，通常，在口感上，全脂要比低脂香濃。

● 做法 Guide To Cook

1. 先將白米洗淨後，浸泡一段時間（3個小時至半天），因為泡得夠久，比較容易煮爛。浸泡過程在室溫下進行即可，毋需放進冰箱。

2. 然後瀝乾，倒入牛奶鍋中，以小火煮開，若用大火容易燒焦。要不停地攪拌，直到完全把米煮爛。最好選用深度深一點的中式不沾鍋來料理。

3. 接著加入白砂糖，再繼續攪拌2~3分鐘，視個人口味調整甜度。

4. 煮好後的米布丁先放涼，再進冰箱冷藏。

5. 品嚐時可加點香草醬或堅果類的配料，滋味更豐富。

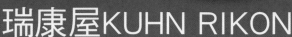

瑞康屋KUHN RIKON
我最愛的廚房用具

直到接觸了「瑞康屋」，才讓我明白，廚房原來可以這麼迷人。

我所謂的迷人包括：時髦、有趣、創意，還有，活色生香。

老實說，這些字眼，完全顛覆了我的邏輯。

過去的消費觀念，總認為廚房裡的用具只要能夠做出料理就好，其他要求都可以降低標準。因此記憶中的廚房，多半是笨重的刀鏟、鐵灰色的鍋、油膩膩的濾網等等，你很難找到除了美食之外還想繼續待在廚房的理由。

然而，這幾年，豪宅個案盛行，生活品味成為顯學，廚房開始發光發熱，它不再是角落空間，而是展示焦點，與臥房、浴室甚至是客廳，等量齊觀。

就在我開始想像我的夢幻廚房時，「瑞康屋」走進我的生活。

好鍋具做出銷魂料理

最先與我相見歡的是，一只Hotpan鍋，外鍋身是蘋果綠，很炫吧！

OK，我得承認我是先被這鍋的顏色所吸引，但真正把心給帶走的是Hotpan本身傲人

的功能。

得過IF設計獎的Hotpan，是那種很容易就把你「電到」的鍋子，外鍋是特殊的美耐皿材質，除了蘋果綠，還有辣椒紅、粉橘以及黑、白，活潑鮮明的色系，擺在餐桌上十分搶眼，即便是懶洋洋的食慾也會被挑起多吃兩口。偶而我把它當成沙拉調理盆，拌好的沙拉連容器一起上桌，簡直是妙不可言。加上底部有防滑膠條，可以安安穩穩的擺放在餐桌上，不用擔心鍋子會晃動而打翻。

讓我愛不釋手的還有KUHN RIKON雙壁鍋，它是一只節能省碳的得獎鍋（在日內瓦得到金牌獎），拋光拋的很漂亮，質感沒話說，且煮飯只要6分鐘，半個小時就能端上桌六道菜，這已經夠讓我驚訝的，但更讓我驚呼連連的是無水無油煮青菜，特別是紅蘿

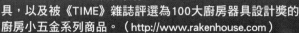
店家特色

- 專賣廚房裡優質高檔的用品與用具，明星商品有瑞士KUHN RIKON品牌的鍋具，以及被《TIME》雜誌評選為100大廚房器具設計獎的廚房小五金系列商品。（http://www.rakenhouse.com）
- Hotpan與雙璧鍋為都會女性最愛用的人氣鍋具。Hotpan具備比燜燒鍋更棒的效果，能完整留住食材的原味與鮮味，並可保熱 2小時，保溫 7小時。雙璧鍋的特色則是省油、省能源、省時間，是高物價時代的熱賣品項。
- 「神奇節能板」是引起網路族群廣大討論的新世代搶手貨。（洽詢專線：02-28108580）

葡，簡直像是被施了魔法，那清甜的口感與豔色橘紅改寫了我味蕾裡的紅蘿蔔檔案，到現在仍讓我念念不忘。

原來，這就是大廚們沒有交代的秘密，看似簡單，只因選對好鍋具，便能做出讓人銷魂的料理。

創意小五金讓做菜像遊戲

另外，廚房裡的小五金也是「瑞康屋」的一絕。無論是刀具、攪拌器、調味罐、保鮮盒等等，從基本到專業的烹飪需求，「瑞康屋」全都為它們穿上新款新色，並配上趣味造型，讓這些廚房配件不再單調乏味，儼然成了下廚者的另類精品。

首先我舉雙手大大推薦的是「神奇節能板」，把它放在瓦斯爐上可使鍋子受熱均勻，同時節省烹調時間，更可以避免鍋底直接接觸火燄，省去刷洗，還能防止風吹時火焰不集中。由於實在太好用，每次朋友來我家看過之後，全都成了「神奇節能板」的粉絲，人手一個，難怪專櫃經常處於缺貨的狀態。

而讓我一見鍾情的是「玉米刮刮樂」，每次要處理玉米粒我就覺得十足麻煩，偏偏我又愛吃玉米炒蛋，自從有了「玉米刮刮

樂」，我便不再傷神。「刨絲刀」也有同樣效果，方便了某些蔬菜的料理過程。「彩色砧版」又薄又輕，大約只有0.1公分厚，不佔空間，我買的是藍綠那組，鮮活的色澤，讓我切菜的每一刻都是躍躍欲試。

還有刀子也有彩色的，被塗上顏色的刀子看起來變得很可愛，輕巧、好用且鋒利得很，刀柄的部分很好握，拿起來很穩又不滑手，切久了也不會痛，很符合手體工學。至於「多功能剪刀」，我最喜歡拿來剪青蔥了，感覺好有下廚的快感。

遇到真正喜歡的，才知道什麼叫做魂牽夢縈。若能在這麼充滿享樂的廚房裡做菜，我要大聲的說：我。願。意。

攝影 Nico

吉品養生
我最愛的
網購商城

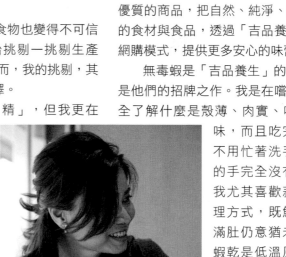

我是在嘴巴被寵壞的時候，認識了「吉品養生」。

那時，整日吃吃喝喝，或採訪、或評論，口腹之慾高漲，味美才能解饞。但隨著黑心食品成為餐桌上的公敵，「有機」、「無毒」、「零污染」這些字眼，不再只是趨勢，而是切身關注。

因為，當賴以為生的食物也變得不可信任時，我必須從根本開始挑剔一挑剔生產者、供應者以及銷售者。而，我的挑剔，其實較貼切的說法是——選擇。

因為，挑剔著重在「精」，但我更在乎的是選擇「良」與「善」。「吉品養生」經營的理念與態度，恰恰是這兩個字。

提供味蕾最安心的極品選擇

負責人白佩玉＆劉吉仁是我見過最積極的工作夫妻檔，他們的積極，不是野心，不是企圖，而是認真。兩人誤打誤撞走入養殖領域，先是打響無毒蝦的自創品牌，接著集合了許多優質的商品，把自然、純淨、養生、無添加的食材與食品，透過「吉品養生」無店鋪的網購模式，提供更多安心的味蕾選擇。

無毒蝦是「吉品養生」的明星商品，也是他們的招牌之作。我是在嚐過無毒蝦才完全了解什麼是殼薄、肉實、味清甜的蝦滋味，而且吃完無毒蝦之後不用忙著洗手，因為剝蝦的手完全沒有怪怪異味，我尤其喜歡蒜頭爆炒的料理方式，既鮮且香，吃了滿肚仍意猶未盡。而無毒蝦乾是低溫風乾整隻新鮮的小無毒蝦，然後加了少許天然海鹽調味，我常常把牠稍微浸泡後拿來炒高麗菜或絲瓜，或者煮鹹粥時放一點，很能提味。

無二菇則是「吉品養生」的另一絕，也是我的最愛。特選南投山區冬季

生長的第一朵菇（同一個地方長出的第二朵就不算囉），經30小時的中低溫烘焙，平均烘焙時間比一般多8~12小時，將香菇的酵素與營養精華完整保留，放進口裡有香氣也有暖意。本來就喜歡吃香菇的我，吃了無二菇，從此，就沒再買過其他的乾香菇。

「吉品養生」的蜂蜜也是我的心頭好，有時熬夜，早上醒來喝下一大杯調入3匙吉品蜂蜜的溫水，通體舒暢，清新爽口，飲多不膩，比起白開水多了些喝的興味。此外，手作系列也很精采，全是費時費工的限量美味，我個人的私房推薦有：用來作調理苦瓜雞湯的醬鳳梨，下酒佐餐的義式醃香腸（Salami）、燻魚，配稀飯或夾麵包的肉鬆，還有得過獎的烏魚子（去年我拿來送禮，收到的人都說讚）。

還有烏骨雞，對我這個不太愛吃肉的人而言，「吉品養生」的烏骨雞可是讓我念念不忘。一口又一口，等我回過神來才發覺，自己已成了烏骨雞的俘虜。至於「吉品養生」那一系列具有生產履歷的虱目魚、石斑、文蛤、牡蠣等，還有我試過便上癮的海茸棒，這些新鮮的食材，光是看，海洋滋味就在嘴裡。

良心良食的正面能量

林林總總的商品結構，有超過七成的來源是在地小農，後來實地接觸後，我才明白原來這些小農的生產過程與「吉品養生」的經營堅持不謀而合。他們相信「良食」的正面能量，當吃進嘴裡的是好東西，身體會感覺你的善待，而回報你健康。

這不是高調。因為，好食物就是好藥物。醫生不能回答的，食物全知道。而，當口中的那粒米、那塊肉，那片蔬菜，都是無污染的真滋味，那麼，舌尖的快感就更值得沉溺。

如果你想買好東西，找「吉品養生」就對了，因為，「吉品養生」只賣好東西。

攝影 Nico

city'super
我最愛的
超市

忘了從什麼時候開始，流連在city'super的時間，遠比自己預期的多了許多。

就像走進一個萬花筒裡，city'super有太多吸引我的東西，新奇、有趣、時髦，讓我目不暇給。

好吃的東西很多，好玩的東西不少，食材、醬料、飲品、用具，不僅種類齊全，而且選貨選的很精，隨手一個就是心頭好，讓我覺得不把它們買回家真是對不起自己！

其實，逛超市最大的樂趣，就是邊走邊挑，看到自己喜歡的，往身旁的手推車一放，那種購物的過程，感覺超有FU的。以新開的天母店為例，燈光柔和，陳列有序，動線順暢，整個賣場，有情調，也有個性，充滿巧思，所以不管是拿名牌包的貴婦，還是穿迷你裙的少女，都能用嘴角上揚的表情，拎起一瓶橄欖油或一包牛小排，然後愉快地往結帳台走去。

食材專區設計貼心

佔地400坪的天母city'super，有許多主題式的食材專區，包括味噌區、泡菜區、烏龍麵區，其中豆腐區集中了所有跟豆腐相關的食品，最特別的是從日本空運來的＜電視冠軍＞手作豆腐擺在布滿冰塊的冷水裡，看起來就是可口。還有比一般超市要大上許多的香料區，擺上新鮮的有機香料，不管是燉湯的月桂葉，還是做披薩的蝦夷蔥，林林總總，滿足選擇的慾望，讓買食材猶如貴婦逛精品店般過癮。

同時，這裡還有一些貼心且別出心裁的設計，譬如，肉品櫃上就可以找到料理肉品的各式佐醬及調味包，壽司櫃的上方也有整列的沾醬可供挑選，如此就不用為了找搭配的醬料，還要跑到醬料櫃，省時又有美味建議，一舉兩得。

獨門口味俯拾皆是

　　對於歐義料理的愛好者來說，這裡的起士、火腿有600多種選擇，不少是獨門口味。而醬料櫃更是精采，像是柚子調味粉、日清芝麻油、隨手瓶桌上醬油等，還有高湯包、調理包以及想要在家輕鬆上桌的派對菜色等，甚至一些我找了很久或是耳聞很久的品項，都在這裡與我相見歡。而且，這些美味可不單單只是開架陳列，許多還附設了簡單的試吃台，任試任選，讓你的舌尖停不下來。

　　飲品更是city'super的一絕，譬如天母店的清酒櫃，簡直讓我嘆為觀止，久久不想離開，而葡萄酒則有不少高價的膜拜款，至於礦泉水專區，更是讓我念念不忘，尤其是名模愛喝的挪威voss礦泉，十足討好了我這個礦泉水迷。另外，引進國外多款超人氣巧克力，與來自法國的Richard Blanc麵包坊，更為city'super塑造出不一樣的口碑。

打造頂級廚藝教室

　　當然，有了很棒的食材，不會料理也是沒輒，所以city'super花了數百萬打造廚藝教室，西班牙的檯面，德國的烤箱、蒸爐和電陶爐，法國的鑄鐵鍋、美國的調理機，日本的刀具等，教室就設在超市一角，缺什麼食材，穿著圍裙就可以殺進超市尋寶。

　　至於不想下廚的巧婦，city'super也準備了一級棒的外帶美味，由朱記小館與中島水產負責打理，像是配好的餐盒或熟食，還有首開的炸物區，照顧善變的口腹之慾。

　　除了吃的，city'super的廚房用品也不馬虎，獨家代理的鍋具、高科技的廚具與刀具，還有烘焙原料以及在進口文具店或生活精品店才有的造型生日蠟燭，也陳列其中。

　　這是一個讓你驚嘆又驚喜的購物天堂，在city'super，你將發現，幸福，俯拾皆是。

攝影 Nico

店家特色

· 跟香港的city'super同步，成立了「superlife culture club賞味廚藝班」，提供你會做也會吃的好煮意，讓你能跟大廚面對面實際操作。
· 600多種起士，一半以上店家獨門口味，只此一家，別無分號！
· 歐義食材比其他門市多了四到五成。
· 日本酒專區，清酒共有80個品項、燒酒有60個品項，號稱是全台最齊全的日本酒專區。

這裡，有些好味道

必嚐好味道
有機芽菜、有機橄欖油、香料麵包、和風柚子醬、芝麻醬

不膩口的有機沙拉吧
青庭餐廳（美麗信花園酒店）

　　每隔一段時間，總會想念沙拉吧的滋味。但，好的沙拉吧還真是不多。有的食物看似豐富，卻不精緻，有的則是環境吵雜，影響用餐品質。少數能讓我推薦的首選是──「青庭」沙拉吧。

　　綿延20呎的大片落地玻璃窗，視野透亮，看出去的流水綠意，讓我有一種逃離水泥城市的快感。沒錯，「青庭」是少數提供景觀花園的餐廳。坐在這裡吃飯，眼睛先得到滿足。

　　而沙拉吧是這裡的招牌，最讓我拍拍手的是有機鮮蔬吃到飽，80%以上是在地的有機農場栽植，尤其是多款少見的芽菜如葵花苗、蕎麥苗、青花苗、雪蓮豆等，甘甜、青脆、多汁，配上特調的開胃醬料，健康立刻提升百倍，感覺體內就像進行了一場美食環保。

優雅上身的貴婦下午茶
茶苑 （台北君悅大飯店）

　　只要走進「茶苑」，貴婦氣質就翩然上身。

　　羽絨沙發、現場演奏、配上暖黃色調的燈光，剛剛好與四周的衣香鬢影連成一幅上流情調，隨你慵懶或優雅的來段午茶時光。

　　「茶苑」的東西以三明治、西式小點以及港式點心、水果為主，佐以咖啡、英式紅茶、台灣烏龍等。雖然是以吃到飽的方式供應，但取餐區隨時有人整理服務。我尤其喜歡他們把點心處理成小小一份，極易入口，讓你即便大快朵頤也完全不會破壞吃相。

　　「茶苑」還有個特色，就是配合時令會有不同的甜品主題，用料新鮮工夫足，另外，夏天他們有自己製作的冰淇淋，冬天有法國頂級巧克力製作成的「巧克力湧泉」，給你最對味的幸福凝結。

　　這是我最愛的下午茶夢境，有口感，更有美感。

必嚐好味道
烤布丁、奶油鬆餅、蛋沙拉三明治、鮪魚小可頌

不矯情的美味私沙龍
Danieli's丹耶澧義大利餐廳（六福皇宮）

蘋果綠沙發與水晶垂簾吊燈所鋪陳的普普風，的確引起我的高度興趣，而窗外那一排綠樹矮牆，把緊鄰一旁的喧譁吵雜就此遠遠區隔。至於我到「Danieli's丹耶澧」的次數變多了，主要還是因為有個創意十足的料理達人Jack負責掌廚。

沒有矯情簡約，沒有高調奢華，這裡的食物與空間都帶著一份輕鬆的隨性，於是，舌尖的慾望很自然就變得十分義大利。開放式的廚房讓烹調的香味盡情飄散，還沒端上桌就觸動食慾。

除了菜單上列出的料理，主廚還可以量身打造專屬於你自己的滋味，我就曾經在這裡嚐到念念不忘的魚湯、松露披薩、奶油義大利麵。跳脫既有的框架，給你意料之外的菜色，讓用餐的喜悅一再出現。

必嚐好味道
帕瑪火腿佐老酒醋沙拉、奶油蛋黃培根筆尖麵、香蒜松露起士薄餅

誠意十足的料理承諾
LUNA月之義大利餐廳

我喜歡到「LUNA」去當客人，因為它誠意十足。

你會發現，這裡的料理並不多特殊，但絕對好吃得讓你嘖嘖稱奇，理由很簡單，有好品質才會有好味道。

開胃菜是店裡的一絕，主廚的用心與巧思，讓入口的滋味既不俗氣也不匠氣，由於選擇很多，光是享用開胃菜就讓你驚喜連連。義大利麵也很精采，常常忍不住點過了量，至於店裡的麵疙瘩曾讓我吃的莫名感動，牢牢放進記憶底層。

即便經常客滿，店裡的服務卻很少出錯，而始終滿臉笑的經理是店裡的靈魂，客人的要求他不但耐心面對，更盡力滿足。所以，你來這裡就算只是吃盤義大利麵，也能有五星級的款待。

必嚐好味道
菠菜沙拉、章魚馬鈴薯、起士拼盤、牛肝蕈蘑菇鳥巢麵

物超所值的簡單滋味
Jackie's Kitchen傑克廚房西班牙風味料理

這樣的幸福，是從單純開始。

這是一個料理人單純的夢，因為想多陪陪家人，所以放棄飯店主廚的光環，選擇開家小餐廳。揮別從前的氣派與高貴，這裡的平實與溫馨，更顯得耐人尋味。

菜色以Tapas為主，呈現西班牙風味的隨性與自在。 由於店主人兼大廚，所以端上桌的美味絕不馬虎，且份量絕不小器。煎蛋餅是我的最愛，厚實的餡料用鑄鐵鍋慢火烘烤，切下一塊放進嘴裡，都還熱騰騰冒著煙。創意湯品則花了8小時細火熬煮老母雞，色淡味濃，口感極佳，完全展現大廚有的法國菜底子。最後可別跳過甜點，是個不賴的句點。

因為隨心所欲，更因為平易近人，所以，在這裡用餐，很容易就放下自己的感情。然後，很快就成為它的老客人，拉著自己的朋友，相約在此見面。

必嚐好味道
菠菜野菇乳酪蛋餅、白豆鹹豬肉蔬菜湯、香橙海鮮沙拉、焦糖蛋乳凍

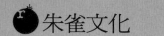朱雀文化　　　　　　　**和你快樂品味生活**

COOK50系列　　基礎廚藝教室

COOK50100

五星級名廚到我家

湯、開胃菜、沙拉、麵食、燉飯、主菜和甜點的料理密技

國家圖書館出版品
預行編目資料

五星級名廚到我家
——湯、開胃菜、沙拉、麵食、燉飯、
　主菜和甜點的料理密技
陶禮君 著.一初版一台北市：
朱雀文化，2009〔民98〕
面；　公分，--（Cook50；100）
ISBN 978-986-6780-56-1（平裝）
1.食譜　2.烹飪
　　　　　427.1　　98016196

出版登記北市業字第1403號
全書圖文未經同意‧不得轉載和翻印

文字■陶禮君
攝影■廖家威
編輯■馬格麗
美術設計■鄭雅惠
企劃統籌■李橘
發行人■莫少閒
出版者■朱雀文化事業有限公司
地址■台北市基隆路二段13-1號3樓
電話■(02)2345-3868
傳真■(02)2345-3828
劃撥帳號■19234566 朱雀文化事業有限公司
e-mail■redbook@ms26.hinet.net
網址■http://redbook.com.tw
部落格■http://helloredbook.blogspot.com/
總經銷■成陽出版股份有限公司
ISBN■978-986-6780-56-1
初版一刷■2009.10
初版六刷■2010.02
定價■320元
出版登記■北市業字第1403號
全書圖文未經同意不得轉載
＊感謝人物攝影：Nico(http://www.nicophotography.com/)

About買書：
　　朱雀文化圖書在北中南各書店及誠品、金石堂、何嘉仁等連鎖書店均有販售，
如欲買本公司圖書，建議你直接詢問書店店員，如果書店已售完，請撥本公司經
銷商北中南區服務專線洽詢。北區（03）271-7085 中區（04）2291-4115 南區
（07）349-7445
　　至朱雀文化網站購書（http://redbook.com.tw）可享85折優惠。
　　　至郵局劃撥（戶名：朱雀文化事業有限公司，帳號：19234566），
掛號寄書不加郵資，4本以下無折扣，5～9本95折，10本以上9折優惠。
　　　　周一至周五上班時間，親自至朱雀文化買書可享9折優惠。

朱雀書友獨享最超值優惠

朱雀文化《五星級名廚到我家》 書友獨享 Coupon券

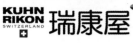 KUHN RIKON SWITZERLAND 瑞康屋

憑本券寄回朱雀文化，即有機會獲得
瑞康屋進口HOTPAN鍋具
（2個名額，每個價值11,660元）、
廚房小五金（10個名額）

朱雀文化《五星級名廚到我家》 書友獨享 Coupon券

 city'super

憑本券至city'super超市
消費滿500元
可享**50**元抵用優惠

朱雀文化《五星級名廚到我家》 書友獨享 Coupon券

 吉品養生股份有限公司
自然 養生 多樣 環保

憑本券寄回吉品養生公司，
即可獲得**價值100元**
吉品無毒蝦干1包

朱雀文化《五星級名廚到我家》 書友獨享 Coupon券

台北君悅大飯店 GRAND HYATT TAIPEI

台北君悅大飯店
茶苑下午茶
88折

朱雀文化《五星級名廚到我家》 書友獨享 Coupon券

THE WESTIN 六福皇宮 TAIPEI

憑本券至六福皇宮
丹耶澧義大利餐廳
（Danieli's）用餐，
折扣後消費滿NT$2,000元整
即致贈手工特製Pizza乙份

朱雀文化《五星級名廚到我家》 書友獨享 Coupon券

憑本券至Jackie's Kitchen
傑克廚房用餐滿500元
即可免費招待
「菠菜野菇乳酪蛋餅」乙份
以及下次用餐消費
88折優惠券一張

朱雀文化《五星級名廚到我家》 書友獨享 Coupon券

美麗信花園酒店
MIRAMAR GARDEN TAIPEI

憑本券至
美麗信花園酒店
青庭花園餐廳用餐
不限金額可享**9**折優惠

朱雀文化《五星級名廚到我家》 書友獨享 Coupon券

LUNA D'ITALIA月之義大利餐廳
凡午餐至本店點用主菜一份
（肉類、義大利麵、披薩）
持本券可享免費附加套餐一客
凡點用主菜兩份
即有兩份免費附加套餐
依此類推

朱雀書友獨享最超值優惠

NT$50 COUPON抵用券 c!ty'super

- 於city'super 單筆消費達NT$500即可抵用乙張。
  抵用期限：2009年12月31日止（2009年10月8日~10月19日及2009年11月5日-11月16日期間除外）。
- 本券僅限於city'super遠企店、復興店、天母店全店消費使用。
- 本券折抵金額不得參加各項優惠活動累積滿額計算。亦不得用於super e-card及HAPPY GO卡紅利點數累積、super e-gift card之購買與儲值，super e-card之儲值、super e-gold card之儲值。
- 本券不得兌換現金、找零及開立發票，並不得與其他優惠券合併使用。
- 影印無效，使用後由city'super回收。
- city'super有權更改本券使用款項及規定，恕不另行通知。
  遠企店 - 遠企購物中心B1&B2，復興店 - SOGO復興館B3，天母店 - SOGO天母店B1

我要參加瑞康HOTPAN鍋具和廚房小五金抽獎活動  KUHN RIKON 瑞康屋

姓名＿＿＿＿＿ 聯絡電話＿＿＿＿＿
E-MAIL信箱＿＿＿＿＿
地址＿＿＿＿＿

參加辦法
- 請將本券剪下，貼於明信片上。
- 2009年12月31日前寄至朱雀文化事業有限公司，即可參加抽獎。
  地址：台北市信義區基隆路二段13-1號3樓
- 得獎名單將於2010年1月6日公布於朱雀文化網站上。 本券影印無效。
  瑞康屋 地址 台北市士林區社中街434號 電話 (02) 2810-8580

台北君悅大飯店 茶苑下午茶 88折 GRAND HYATT TAIPEI

凡憑本券至台北君悅大飯店茶苑消費，下午茶時段可享88折優惠。
- 有效期限：2009年12月31日止。
- 請於訂位或消費前，主動告知或出示餐廳此券。
- 本券如經塗改、影印，將一律無效。

台北君悅大飯店 地址 台北市松壽路2號
如需訂位，請洽台北君悅大飯店餐飲銷售部 (02) 2720-1200 轉3198或3199

我要索取 吉品養生無毒蝦干1包 吉品養生股份有限公司 自然 養生 多樣 環保

姓名＿＿＿＿＿ 聯絡電話＿＿＿＿＿
E-MAIL信箱＿＿＿＿＿
地址＿＿＿＿＿

索取辦法
- 請將本券剪下，連同回郵10元放於信封中。
- 2009年12月31日前寄至吉品養生公司：
  地址 台北市大安區和平東路二段107巷6弄4號1樓 吉品養生公司收。
  電話 (02)7730-8499
- 限首刷版本，本券影印無效。

傑克廚房「菠菜野菇乳酪蛋餅」乙份
（價值NT$150）
下次用餐消費 88折優惠券乙張

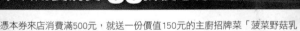

憑本券來店消費滿500元，就送一份價值150元的主廚招牌菜「菠菜野菇乳酪蛋餅」，以及下次用餐消費88折優惠券一張。
- 有效期限：2009年12月31日止。
- 本券如經塗改、影印，將一律無效。

傑克廚房西班牙風味料理
地址 台北市松山區民生東路三段113巷25弄27號 電話（02）2718-6066

六福皇宮Danieli's
手工特製Pizza乙份
（價值NT$450）
THE WESTIN 六福皇宮 TAIPEI

凡持此券至六福皇宮丹耶澧義大利餐廳（Danieli's）用餐，折扣後消費滿NT$2,000元整，即致贈手工特製Pizza乙份（價值NT$450）。
- 有效期限：2009年12月31日止。
- 請於訂位或消費前，主動告知或出示餐廳此券。
- 每次消費僅可兌換乙份，恕不累症兌換。
- 本券如經塗改、影印，將一律無效。
- 此附送贈品僅限於餐廳內食用，恕不提供外帶服務。

六福皇宮 地址 台北市南京東路三段133號 電話（02）8770-6565

凡午餐至LUNA D'ITALIA月之義大利餐廳點用主菜一份
（肉類、義大利麵、披薩）
持本券可享免費附加套餐一客
凡點用主菜兩份即有兩份免費附加套餐

- 本店之套餐需點任一主菜(肉類、義大利麵、披薩)始可加點。
- 本店之附加套餐價格為週一至週五午餐NT$100元，主菜價格另計。晚餐及例假日全天NT$250主菜價格另計。
- 本券限單次單筆消費使用影印無效。有效期限：2009年12月31日止。
LUNA D'ITALIA月之義大利餐廳
地址 台北市敦化南路二段265巷3號 電話（02）2733-9635

美麗信花園酒店 青庭花園餐廳 9折優惠  美麗信花園酒店 MIRAMAR GARDEN TAIPEI

即日起至2009年12月31日止，憑此書優惠券，至青庭花園餐廳用餐，不限金額可享9折優惠。
- 餐飲優惠均以餐為主，不含酒水。
- 須加原價一成之服務費，且優惠專案不得合併使用。
- 優惠不適用於8人以上團體、包廂、喜宴酒席、會議、派對專案、外帶、客房餐飲、禮盒、特價品項及購買餐券/禮券等品項。
- 本優惠不適用於中秋節及飯店主題美食節促銷活動，詳細定義依飯店規定為準，請事先致電洽詢訂位。
- 本券如經塗改、影印，將一律無效。
美麗信花園酒店 地址 台北市市民大道三段83號 電話（02）8772-8800